일반화학 실험 1

노승백 하기룡 이학일

GENERAL CHEMISTRY LAB

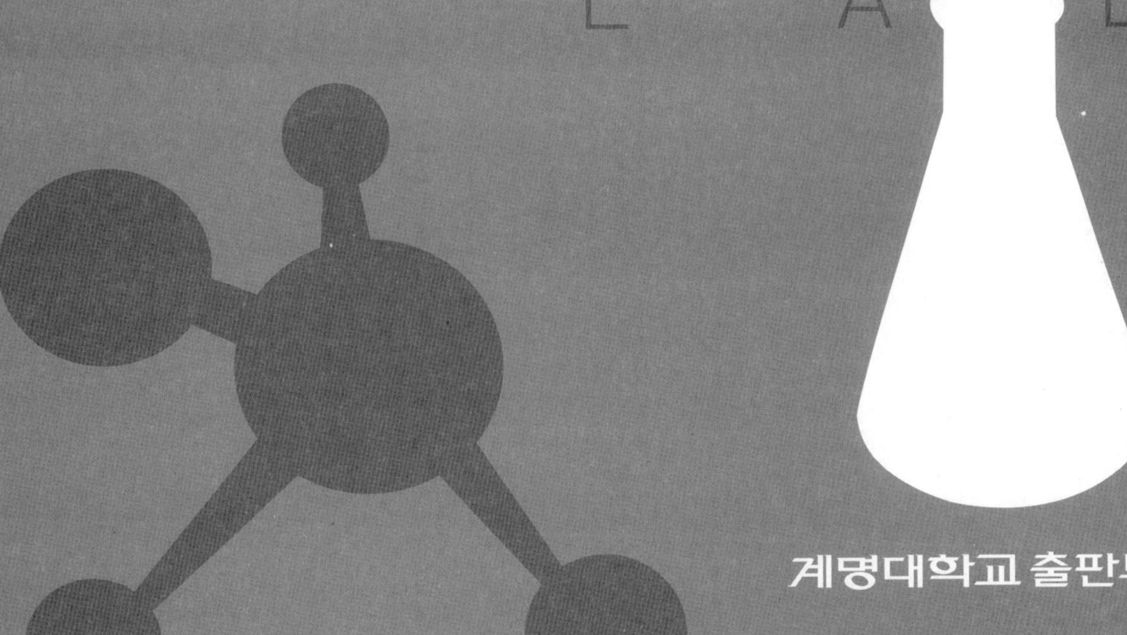

계명대학교 출판부

Contents

Contents

CHAPTER **01**

실험에서 주의사항

Ⅰ. 실험전의 준비

1) 실험내용과 원리를 완전히 이해하고, 실험방법에 따라 실험계획을 수립한다.
2) 실험에 사용될 장치와 기기 등을 미리 점검하고, 미비한 점은 수리하거나 보충한다.
3) 실험에 사용될 장치와 기기 등을 사용 시에는 사용전에 주의사항을 확인한다.

Ⅱ. 실험중의 주의사항

1) 실험 중에는 반드시 실험가운을 착용하고, 실험에 불필요한 것은 실험대에 올려놓지 않는다. (가연성 물질에 개방불꽃을 이용한 가열은 하지 말 것.)
2) 실험에 사용하는 모든 기구는 청결해야 한다. 따라서 모든 기구는 사용 후 곧 씻어 두어야 한다.
   - 씻는 순서 : 세제로 먼저 씻고, 수돗물로 헹구고, 증류수로 세척한다.
   - 유지의 경우 : 세제로 먼저 씻고, 크롬산 혼합용액으로 세척한다.
3) 적정의 경우에는 시료용액 약 2~3 ml를 시험관에 넣어 시약 몇 방울로 일어나는 현상을 관찰한 후 필요한 양을 대략적으로 잡는다.
4) 시약병에서 시약을 시험관에 넣을 때
   - 왼손 : 엄지와 둘 째 손가락으로 병마개를 쥐고, 나머지 손가락으로 시험관을 쥔다.
   - 오른손 : 라벨이 붙은 쪽을 손가락으로 덮어 쥔다.
     (라벨이 없는 시약은 사용하지 말 것.)
5) 시약을 가하는 경우에는 시약을 넣음으로서 일어나는 반응, 과량으로 인한 영향 등을 잘 생각하여 필요량 이상으로 가하지 않는다. (증류수는 농축산에 가하지 말 것.)
6) 악취와 유독가스가 발생하는 반응은 반드시 통풍실 내에서 실행하여야 한다.
7) 기계적으로 작업하지 말고, 시약을 가하는 이유, 분자식, 반응식 등을 충분히 이해하면서 면밀히 실험한다.
8) 실험기구는 깨끗이 씻은 후 일정한 자리에 비치하도록 한다.
9) 실험법, 실험결과 및 관찰사항 등을 실험노트에 반드시 기입한다.
10) 실험도중에 기회가 있으면 실험데이터가 맞는지, 틀리는지를 확인하기 위한 점

검계산을 한다.

11) 실험실 내에서는 잡담이나 끽연을 금하고, 담당조교의 지시를 따른다.

12) 필요한 시약을 만들기 전에는 필요량을 정확히 인지하고, 사용 후 버리는 시약이 없도록 한다.

13) 고무마개에 유리를 끼울 경우에는 그리스를 바르고, 헝겊에 싼 후 서서히 힘을 가해 끼운다.

14) 실험실에서 시약병을 운반할 때에는 특히 주의한다.

Ⅲ. 실험후의 주의사항

1) 실험노트에 미비한 부분이 있는지를 확인한다.

2) 실험에 사용한 기구, 장치 및 약품을 반드시 원상태로 복귀시킨다. 특히, 유리제품, 약품, 부식성 재료 등은 방치하지 말고, 담당조교의 지시에 따라야 하며, 파손부분은 즉시 보고하여야 한다.

3) 실험실 내를 청결히 한 후 수도꼭지, 가스꼭지, 전기스위치를 잘 조사한 다음 실험을 종료해야 한다.

4) 실험보고서는 가능한 한 실험이 끝난 당일에 기록하는 것이 좋다.

5) 실험에 대한 개선점 및 추가사항을 보고서 후편에 기록하여 지도교수에게 건의한다.

Ⅳ. 실험실에서 안전성을 위한 일반규칙

1) 실험실에서 허가되지 않은 실험울 하여서는 아니 된다.

2) 시험관을 가열하거나 반응을 일으킬 때 시험관의 입구가 주위에 있는 다른 학생이나 자신을 향해서는 아니 된다.

3) 특별한 지시가 없는 한 어떤 시약도 맛을 보아서는 아니 된다. 시약의 냄새를 알고자 할 때에는 얼굴을 향하여 손으로 부채질을 하여 냄새를 맡아야 한다.

4) 유리관을 자르고자 할 때에는 유리관의 끝을 버너로 무디게 하고, 반드시 수건으로 싸서 보호해야 한다.
5) 산을 희석할 때에는 진한 산에 물을 부어서는 절대로 아니 된다. 언제나 산을 물에 천천히 저어주면서 조금씩 가하여야 한다.
6) 독성이 있거나 냄새가 좋지 않은 기체가 발생할 때에는 반드시 후드에서 실험을 해야 한다.
7) 시약병에서 시약을 덜어 낼 때에는 반드시 라벨을 잘 읽어서 확인해야 하고, 시약을 깨끗한 비이커, 시험관 또는 시계접시 등에 덜어내야 하며, 시약병을 각 자의 실험대로 가져가서는 아니 된다. 시약은 필요이상의 양을 취하여서는 안 되며, 쓰고 남은 시약은 절대로 원래의 시약병에 넣어서는 아니 된다.
8) 실험실에서는 각자의 의복을 보호하기 위하여 실험가운을 반드시 착용하여야 한다.
9) 종이조각, 성냥개비 또는 물에 녹지 않는 고체물질을 싱크에 버려서는 아니 되며, 실험실 폐기통에 버려야 한다.
10) 눈금이 새겨진 유리 기구, 예로 눈금 실린더나 피펫 등은 절대로 가열해서는 아니 된다.
11) 실험이 끝나면 사용한 기구를 깨끗이 닦고, 준비실에 반납한다.

Ⅴ. 실험실에서 응급치료법

1) 산에 의한 화상의 경우에는 화상을 입은 곳을 즉시 다량의 물로 씻은 다음 묽은 탄산수소나트륨 수용액으로 씻는다. 화상이 심할 때에는 의사가 검진하기 전에 기름이나 그리스를 바르지 않는다.
2) 알칼리에 의한 화상의 경우에는 즉시 다량의 물로 씻은 다음 아주 묽은 초산 수용액으로 씻는다. 화상이 심할 때에는 의사가 검진하기 전에 기름이나 그리스를 바르지 않는다.
3) 페놀에 의한 화상의 경우에는 화상을 입은 곳을 먼저 알코올로 씻고, 화상이 심하지 않으면 붕대로 감는다.

4) 눈에 약품이 들어갔을 경우 알칼리가 눈에 들어갔을 때에는 붕산 세안 액으로 씻고, 산이 눈에 들어갔을 때에는 묽은 탄산수소나트륨 수용액으로 씻는다. 위의 처치를 한 다음 다량의 물로 씻고, 지체 없이 의사의 검진을 받는다.
5) 염소, 브롬 또는 황화수소를 들어 마셨을 경우에는 즉시 앉거나 누워서 깊게 호흡하며, 할로겐을 마셨을 때에는 알코올로 적신 솜뭉치로부터 증기를 흡입하면 기분이 좋아진다. 상당한 양의 증기를 마셨을 때에는 인공호흡과 산소의 흡입이 필요하며, 지체 없이 의사를 불러야 한다.

CHAPTER **02**

실험보고서 작성법

실험보고서는 크게 예비 레포트와 결과 레포트로 나눈다.

Ⅰ. 예비 레포트

1-1. 표지

실험보고서
○ 실험제목 :
○ 일　　시 :
○ 지도교수 :
작 성 자 :
(학년/학번)
실 험 조 :
공동실험자 :

1-2. 서두부분

1) 실험제목, 실험자의 성명, 학년, 학번, 실험조, 공동실험자
2) 목차
3) 실험내용 요약

1-3. 본문부분

1) 서론
실험의 목적, 역사적 고찰, 실험범위 등을 총괄적으로 기술한다.

2) 이론적 배경

실험의 원리 및 실험자료 해석에 필요한 이론과 계산 및 해석의 근거를 명확하게 제시한다.

3) 실험장치 및 방법

실험을 수행함에 있어서 사용한 장치의 원리, 조작방법과 장치의 특성을 자세히 기술하고, 이러한 장치를 사용하여 어떠한 방법으로 실험하였는지를 기록함으로서 다른 사람이 동일한 방법으로 실험을 하였을 경우에도 같은 결과가 얻어질 수 있어야 한다.

Ⅱ. 결과 레포트

1) 서론, 2) 이론적 배경, 3) 실험장치 및 방법은 예비 레포트 작성과 같다.

4) 실험결과 및 고찰

실험에서 얻어진 결과를 표와 그래프로 종합하고, 이 자료를 해석·고찰함으로서 목적하였던 바와 같은지를 검토한다. 동시에 이 결과가 다른 연구자들의 결과와 어떠한 관계가 있는지를 고찰한다.

5) 결론

실험에서 얻어진 종합적인 결론을 내려 평가하고, 문제점을 제시한다.

1-4. 후미부분

1) 기호설명

보고서 작성에 사용한 기호를 알파벳, 그리스어 순으로 정리하고, 설명과 단위를 기록한다.

2) 참고문헌

보고서 내용에 인용 또는 참고한 문헌을 저자의 가나다 순 또는 ABC 순으로 기록한다.

(예 1) 단행본의 경우

1. Henly, E. j. and Rosen, E. M., Material and Energy Balance Computation,
(저 자) (책 이 름)
1st ed., John Wiely & Sons Inc., New York, p.127 (1969).
(판수) (출판사) (출판장소) (인용쪽)(년도)

(예 2) 보문(논문지)의 경우

2. Kim, T. O. and Kang, W. K., "Liquid mixing in a continuous-flow, stirred-tank reactor",
(저 자) (논 문 명)
Int. Chem. Eng., **28**(4), 690-697 (1999).
(잡 지 명) (권)(호) (페이지) (년도)

3) 표와 그림의 작성 예

Table 3. Calculated parameters at standard conditions

Material	Total release rate[kg/s]	Flash fraction [-]	Gas release rate[kg/s]	X_{LFL} [m]	X_{UFL} [m]	Overpressure [kPa]	
						UVCE I	UVCE II
n-Butane	193.958	0.2691	52.193	138.342	56.287	3.233	5.221
n-Pentane	197.315	0.2533	49.972	130.730	53.594	3.468	5.450
n-Hexane	183.671	0.3068	56.346	153.714	54.672	3.934	6.872
n-Heptane	174.967	0.3508	61.375	151.792	57.381	4.347	7.434
Benzene	224.163	0.1931	43.285	141.383	52.555	3.163	5.286
Toluene	198.078	0.2598	51.462	148.878	56.622	3.684	6.248
o-Xylene	183.820	0.3170	58.275	161.669	55.001	4.154	7.485

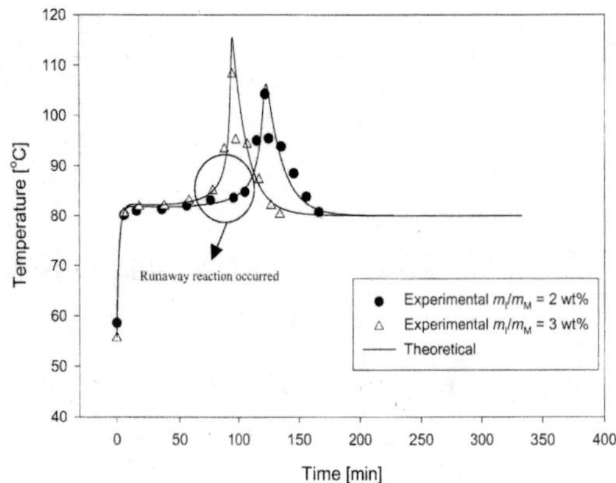

Fig. 3 Comparisons of theoretical and experimental reaction temperature curves

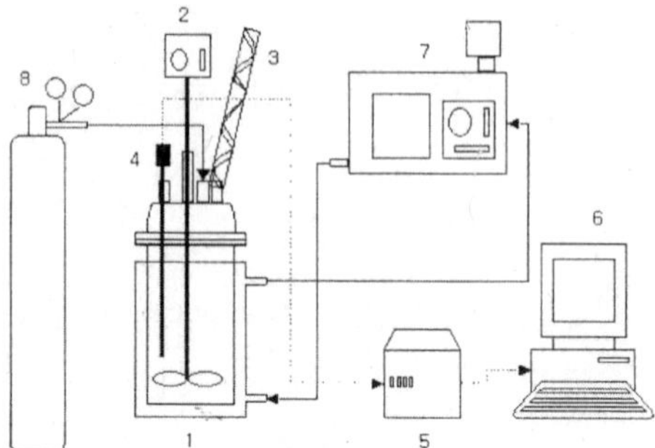

Fig. 2 Schematic diagram of experimental apparatus. 1, double jacket reactor; 2, direct driven stirrer; 3, condenser; 4, thermocouple; 5, reaction calorimeter (RC); 6, personal computer; 7, constant water bath; 8, nitrogen bomb

CHAPTER **03**

실 험

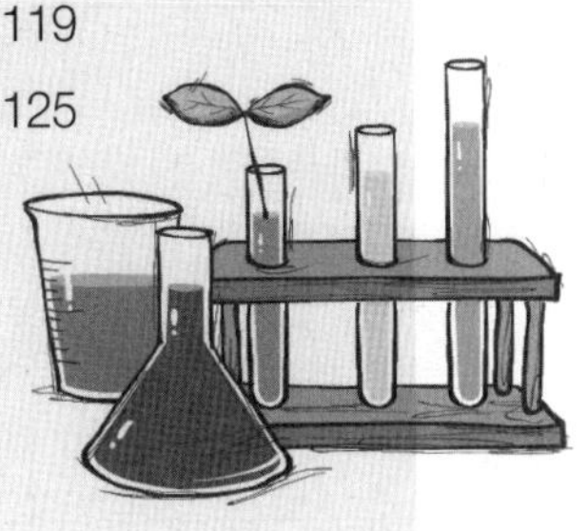

실험 1

밀도 및 비중 측정

1. 목 적

본 실험에서는 물질의 기본 특성인 액체 및 고체의 진밀도와 비중을 측정하고, 문헌값과 비교한다.

2. 이 론

밀도(density)는 물질의 기본적인 특성으로, 물질의 부피와 질량과의 상호관계를 나타내는 성질이다. 밀도는 일정한 온도와 압력에서 측정되어야 한다. 즉, 일정량의 질량은 온도나 압력의 변화에 대해서 불변이지만 부피는 변한다. 그러므로 밀도는 단위 부피에 대한 질량, 즉 cm^3에 대한 g(g/cm^3) 또는 ml에 대한 g(g/ml)으로 표시된다.

밀도를 측정하기 위해서는 일정한 온도와 압력 하에서 물질의 질량과 부피를 측정한다. 일반적으로 부피를 측정하는 것보다는 무게를 정확하게 측정하는 것이 실험적으로 더 편리하다. 또한 같은 장소에서 측정하면 무게의 비를 취해도 좋으므로, 비중(gravity)이란 말을 사용한다.

어떤 물질의 질량에 대한 부피와 표준물질의 질량과의 비를 비중이라고 한다. 어떤 온도에 있어서 물질의 비중(밀도)은 그 물질의 고유한 정수이다. 따라서 비중을 측정하여 순도를 확인해 볼 수도 있다. 표준물질로 액체의 경우는 4℃의 물(밀도는 0.999973 g/cm^{-3})이 사용되고, 기체의 경우는 표준상태의 공기 또는 산소가 사용되고 있다.

비중, $d^{t'}_{t}$라 함은 시료와 물과의 각 온도 t'℃ 및 t℃에서 같은 체적의 중량비를 말한다.

2-1. 액체의 진밀도

가. Pycnometer에 의한 방법

4℃ 물의 밀도를 1 g/cm^{3}으로 기준할 때 증류수를 비중병에 채운 질량을 w_o, 빈 비중병의 무게를 m이라 하면 (w_o-m) g는 증류수만의 질량이고, 비중병의 용액의 무게는 (w_1-m) g이 되므로, 시료를 채운 질량 w_1으로부터 미지 시료의 밀도는 다음 식과 같이 된다.

$$\rho_1 = \frac{w_1 - m}{w_o - m}\rho_o \tag{1}$$

여기서 ρ_1과 w_1은 각각 용액의 밀도와 용액을 채운 비중병의 질량(g)이다.

$$\rho_x = \frac{M_x}{V} = \frac{M_x \rho_r}{M_r} \tag{2}$$

따라서 액체의 비중은 식 (3)에 의해 계산될 수 있다.

$$d = \frac{w_1 - m}{w_2 - m} \tag{3}$$

여기서

ρ_x : density of test liquid [g/cm^3]

ρ_r : density of reference liquid [g/cm^3]

M_x : mass of test liquid [g]

M_r : mass of reference liquid [g]

V : volume of the pycnometer [cm^3]

나. Hare Method Tube에 의한 방법

그림에서 H_1''와 H_2'' 또는 H_1'와 H_2'에서의 압력이 동일하다고 하면

$$\rho_1 H_1' g = \rho_2 H_2' g \tag{4}$$

$$\rho_1 H_1'' g = \rho_2 H_2'' g \tag{5}$$

이므로 식 (4), (5)에서

$$\rho_2 = \left[\frac{H_1' - H_1''}{H_2' - H_2''} \right] \rho_1 \tag{6}$$

으로부터 미지 시료의 밀도를 알 수 있다.

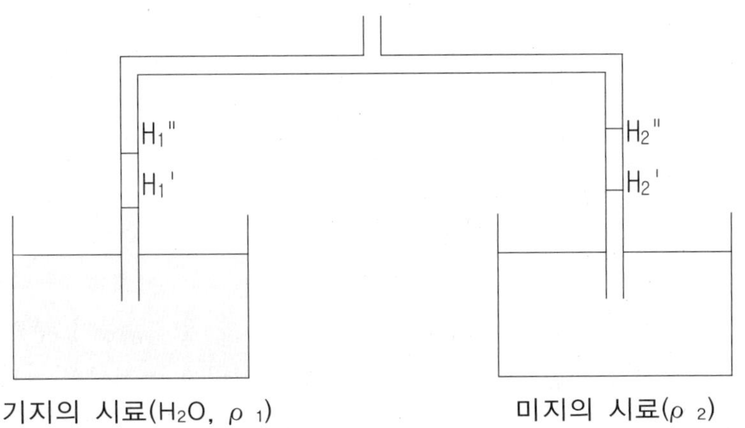

기지의 시료(H_2O, ρ_1)　　미지의 시료(ρ_2)

2-2. 분체의 진밀도

분체의 밀도는 (분체질량 / 분체부피)로 표시되므로, 질량을 측정하는 정밀도에 따라 공기의 부력에 의한 영향이나 측정용기(pycnometer)의 온도에 의한 팽창도 역시 고려하여야 할 필요가 있다.

따라서 고체의 정확한 밀도는 다음 식으로 주어진다.

$$\rho_s = \rho_a + \frac{m_s - m_o}{\frac{m_w - m_o}{\rho_w - \rho_a}[1+\alpha(T_l - T_w)] - \frac{m_{sl} - m_s}{\rho_l - \rho_a}} \quad (7)$$

여기서

m_o : 빈 pycnometer의 질량 [g]
m_w : 증류수를 채운 pycnometer의 질량 [g]
m_s : 분체를 채운 pycnometer의 질량 [g]
m_{sl} : 분체 사이의 공간을 채우는 액체와 분체를 포함하는 pycnometer의 질량 [g]
ρ_a : 공기의 밀도 [g/cm^3]
ρ_w : 증류수의 밀도 [g/cm^3]
ρ_l : 충진 액체의 밀도 [g/cm^3]
ρ_s : 구하고자 하는 분체의 밀도 [g/cm^3]
T_l : 증류수의 온도[℃]
T_w : 충진 액체의 온도[℃]
α : 유리 pycnometer의 부피팽창계수 [2.5×10^{-5}cm^3/℃]

간단한 경우로 pycnometer의 팽창계수를 무시할 수 있고, 공기 부력의 항도 무시하고, 충진 액체로 증류수를 사용해도 어떤 영향이 없다고 가정하면, $\alpha = 0$, $\rho_L = \rho_W$, $\rho_A = 0$이므로, 식 (7)은 다음과 같이 간단히 표시된다.

$$\rho_s = \frac{m_s - m_o}{(m_w - m_o) - (m_{sl} - m_s)} \cdot \rho_w \quad (8)$$

mg 단위까지 측정을 해야 할 때와 증류수를 공간 충진 액체로 사용할 수 없는 경우에는 반드시 식 (7)을 사용해야 한다.

2-3. 겉보기 밀도 (Bulk Density)

액체 또는 분체의 겉보기 밀도는 대략적인 밀도를 빠른 시간 내에 측정할 수 있기 때문에 널리 사용되고 있다. 특히, 분체는 입자의 크기, 조성 및 형태에 따라 변화한다.

3. 기구 및 시약

1) 기구 : 비중병, 항온조, tube
2) 시약 및 재료 : ethanol, methanol, NaCl, 고체시료(모래, 유리구슬 등)

4. 실험방법

4-1. 액체의 진밀도

가. Pycnometer에 의한 방법

1) Ethanol 용액(20, 40, 60, 80, 100 vol%), methanol 용액(20, 40, 60, 80, 100 vol%), NaCl(2, 4, 6, 8, 10 vol%) 수용액을 조제한다.
2) 잘 건조된 비중병의 질량(m)을 측정한다.
3) 비중병에 증류수를 채워서 항온조에 10~20분 동안 방치한다.
4) 항온조에서 비중병을 꺼내어 질량(w_o)을 측정한다.
5) 같은 방법으로 시료를 채운 비중병의 질량(w_1)을 측정한다.
6) 식 (2)에 의해 밀도를 계산한다.
7) 식 (3)에 의해 비중을 계산한다.

나. Hare Method Tube에 의한 방법

1) 고무피펫 휠러로 액주가 상승하는 높이 H_1'와 H_2'를 측정한다.
2) 다시 더 높은 곳까지 빨아 올려 H_1'', H_2''를 측정한다.
3) 식 (6)에 의해 밀도와 비중을 계산한다.

4-2. 분체의 진밀도

1) 미지의 고체시료 2 g 정도를 비중병에 넣고, 질량(m_s)을 측정한다.
2) 기포를 제거하면서 증류수를 조금씩 가하여 남은 공간을 채우고, 질량(m_{sl})을 측정한다.
3) 식 (8)에 의하여 밀도를 계산한다.

4-3. 겉보기 밀도 (Bulk Density)

1) 10 ml의 메스실린더에 5 ml 정도의 액체시료를 채운 질량과 부피를 측정하여 밀도를 계산한다.
2) 같은 방법으로 분체의 밀도를 측정한다. 이때, 분체의 경우는 충격을 부피변화가 일정할 때 측정한다.

5. 보고서 작성

1) 실험결과로 부터 조성과 비중과의 관계를 plot하고, 설명하시오.
2) 밀도와 비중을 정확히 정의하시오.
3) 각 시료의 진밀도에 대한 측정값과 문헌값을 비교하시오. 만일 차이가 있다면 그 이유를 설명하시오.
4) 측정방법에 따른 각 시료의 밀도변화에 대하여 설명하시오.
5) 본 실험방법 이외의 비중 또는 밀도의 측정법을 조사하시오. 특히, 고점도 용액의 밀도를 측정하는 방법에 대하여 조사하시오.
6) 벤젠을 위 실험방법으로 측정이 가능한가? 만약, 불가능하다면 불가능 이유와 다른 측정방법을 조사하시오.
7) 입자의 크기에 따라 분체의 겉보기 밀도는 어떻게 변화되는가? 그 이유를 설명하시오.
8) 분체의 bulk density를 정의하고, 그 측정방법을 간단히 설명하시오.
9) 실험을 할 때에는 <u>**6. 데이터 처리**</u> 쪽에 필기구로 작성하고, 보고서를 작성할 때에는 <u>**6. 데이터 처리**</u> 쪽을 잘라내어 보고서에 붙여 보고서를 제출한다.

6. 데이터 처리

6-1. 액체의 진밀도

액 체	Pycnometer										Hare Method Tube									
	밀도					비중					밀도					비중				
	20	40	60	80	100	20	40	60	80	100	20	40	60	80	100	20	40	60	80	100
에탄올																				
메탄올																				
NaCl 수용액	2	4	6	8	10	2	4	6	8	10	2	4	6	8	10	2	4	6	8	10

6-2. 분체의 진밀도

측정값 또는 산출값	미지 분체 1	미지 분체 2
m_s		
m_{sl}		
ρ_s		

6-3. 겉보기 밀도 (Bulk Density)

측정값 또는 산출값	액체시료	분체시료
질량		
부피		
밀도		

실험 2

점도 측정

1. 목 적

본 실험에서는 Ostwald 점도계 및 공 낙하법을 사용하여 액체의 점도를 결정하고, Ostwald법을 사용하여 점도에 미치는 농도와 온도의 영향을 알아본다.

2. 이 론

액체의 한 층이 다른 층을 지나 이동할 때 겪는 저항을 점도(viscosity)라 하며, 단위는 poise이다. 즉, 액체에 1 cm^2 당 1 dyne의 힘을 가하여 서로 1 cm 떨어져 있는 두 평형한 액면들이 1 sec당 1 cm의 상대속도로 서로 흘러 지나가게 될 때 그 액체의 점도를 1 poise라 한다.

$$1\ \text{cP} = 0.01\ \text{poise} = 1 \times 10^{-3}\ \text{kg/m·s} = 1 \times 10^{-3}\ \text{Pa·s} = 1 \times 10^{-3}\ \text{N·s/m}^2$$

유체 중의 일부분이 빨리 다른 부분으로 흐르게 될 때 내부의 점성력(viscous force) 또는 점성인력은 빠른 층의 속도를 늦게 하거나 층과 층 사이에서 이러한 인력을 극복하고, 일정한 속도경사를 유지하기 위해서는 외부의 힘이 작용되어야 한다. 즉, Newton's law of viscosity에 의하면

$$f = \eta A \frac{du}{dx} \tag{1}$$

여기서

η : viscosity [Pa·s, kg/m·s]

f : applied force [kg·m/s^2]

A : area on which force is exerted [m^2]

du/dx : velocity gradient [m·s^{-1}/m]

액체의 점도(점성도, viscosity)는 분자의 크기와 모양 그리고 분자간의 인력과 액체의 구조 등의 함수인데, 일반적으로 온도가 상승하면 감소하고, 압력이 증가하면 증가한다.

$$\ln \eta = a + \frac{E}{RT}$$

$$\therefore \eta = A e^{E/RT} \quad (2)$$

액체의 점성도는 어떤 형태의 capillary tube를 통해서 액체의 흐름속도(유출시간)를 관찰하여 측정할 수 있는데, 이 기구를 점도계(viscometer)라 한다.

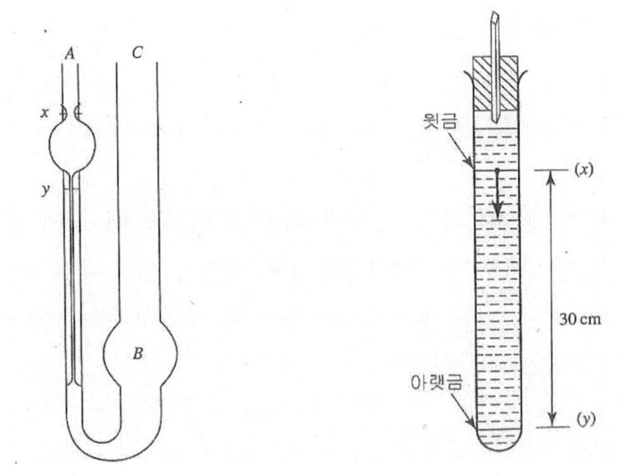

〈그림 1〉 Ostwald 점도계　　〈그림 2〉 공 낙하법 점도계

2-1. Absolute Viscosity

일정압력 하에서 모세관을 통해 일정 부피의 액체가 흐르는 시간을 측정하여 산출할 수 있으며, 층류(laminar flow)에서는 Poiseuille의 법칙에 의하여 다음 식이 유도된다.

$$V = \frac{\pi \gamma^4 P_1 \theta_1}{8 \mu_1 l} = \frac{\pi h g \gamma^4 P_2 \theta_2}{8 \mu_2 l} \tag{3}$$

여기서

V : viscometer 내의 부피 [cm^3]

γ : viscometer의 모세관 내경 [cm]

l : viscometer의 길이 [cm]

μ_1, μ_2 : 액체 1, 2의 점도 [g/cm · sec]

θ_1, θ_2 : 액체 1, 2가 통과하는 시간 [sec]

P_1, P_2 : viscometer 양단에서 액체 1,2의 압력차 [gf/cm^2]

2-2. Relative Viscosity

Absolute viscosity를 실험적 측정에 의해서 결정하는 것은 어렵지만 물 같은 기준 액체와 측정하려는 액체의 비로 나타내는 상대점도의 측정은 매우 간단하고 많이 이용된다.

$$V = \frac{\pi \gamma^4 d P_1 \theta_1}{8 \mu_1 l} = \frac{\pi \gamma^4 d P_2 \theta_2}{8 \mu_2 l} \tag{4}$$

또한 같은 높이의 액주에 의한 압력은 액의 밀도에 비례한다.

$$\frac{dP_1}{dP_2} = \frac{\rho_1 \theta_1}{\rho_2 \theta_2} \tag{5}$$

식 (5)를 식 (4)에 대입하면 식 (6)이 된다.

$$\frac{\mu_1}{\mu_2} = \frac{\rho_1 \theta_1}{\rho_2 \theta_2} \tag{6}$$

가. The Ostwald Method

여러 압력 하에서 일정 부피의 액체가 모세관을 통하여 저장 용기 속으로 낙하하는데 걸리는 시간은 점성계의 크기 그리고 액체의 점성도와 밀도의 함수가 된다. 낙하시간과 밀도가 측정되면 시료액체의 점성도는 같은 점성도계로서 측정한 기준액체의 것과 관련시켜 얻는다.

나. The Falling-Ball Method

이 방법은 기름과 같은 점도가 높은 액체에 적합한 것으로, 밀도를 알고 있는 작은 공이 기준 액체 및 점도를 측정하려고 하는 시료액체 속에서 일정한 거리를 낙하하는데 걸리는 시간을 측정하는 것이다.

두 액체에 대한 낙하시간의 비는 식 (7)과 같다.

$$\frac{\mu_1}{\mu_2} = \frac{(\rho_s - \rho_1)t_1}{(\rho_s - \rho_2)t_2} \tag{7}$$

여기서

ρ_s : density of the ball [g/cm^3]

ρ_1, ρ_2 : densities of the liquids [g/cm^3]

t_1, t_2 : drop times in the liquids [sec]

다. 그 외의 방법

Saybolt viscometer, rotational method 등이 있다.

3. 기구 및 시약

1) 기구 : Ostwald viscometer, constant temperature baths, stop watch, tube for falling-ball, 1/4" graded stell ball bearings, vernier caliper, iron supports and clamps, scale aerometer
2) 시약 : ethanol, methanol, NaCl, glycerol

4. 실험방법

4-1. Ostwald Viscometer Method

1) Ethanol 용액(20, 40, 60, 80, 100 vol%), methanol 용액(20, 40, 60, 80, 100 vol%), NaCl(2, 4, 6, 8, 10 vol%) 수용액을 조제한다.
2) Ostwald viscometer를 뜨거운 세척용액이나 좋은 세제로 잘 닦은 후 증류수로 5회 이상 헹구고, 건조시킨다.
3) 항온조를 일정한 온도(혹은 상온)로 조절하고, 이 안에 점도계를 넣고 스탠드에 세워서 놓는다.
4) 피펫으로 일정부피의 증류수를 취하여 점도계 안에 넣고, 열평형이 이루어지도록 약 10분간 방치한다.(점도계 아래쪽 큰 공을 2/3정도 채울 수 있는 양)
5) 점도계의 모세관 쪽 관의 위쪽에 고무관을 연결하고, 액체를 공 A의 윗금(a) 조금 위까지 빨아올린다.
6) 증류수를 자연히 흘러내리게 하고, 수면이 표지 a에서 b까지 흘러내리는데 필요한 시간을 측정한다. 4회 이상 반복 측정하고, 측정된 시간들은 서로 ± 1% 이내에서 일치해야 하며, 평균값을 구한다.
7) 증류수의 온도와 밀도를 측정한다.
8) 이상의 과정을 1)에서 조제한 시료에 대해서도 같은 방법으로 측정한다.
9) 시료의 온도(20, 30, 40℃)를 변화시키면서 동일한 방법으로 측정한다.

Note

1) 시료 액체의 부피와 기준 액체의 부피는 똑같아야 한다.
2) 항온조의 온도가 ± 0.2 ℃이상 변하여서는 안 된다.
3) 점도계를 정확히 수직으로 세운다.
4) 흘러내리는 시간은 1~2분이 적당하다. 이 시간 내에 유출될 수 있는 점도계를 사용한다.

4-2. Falling-Ball Method

1) 공 낙하법 점도계와 같은 관을 준비한다.
2) 버니어캘리퍼로 볼베어링의 평균지름을 측정하고, 이것으로부터 평균부피를 계산한다.
3) 볼베어링 몇 개의 무게를 측정한다. 베어링들의 평균부피와 평균무게로부터 밀도를 계산한다.
4) 공 낙하법 관에 글리세린을 채운다. 온도를 고정해 놓은 항온조 속에 관을 넣는다.
5) 약 30분간 방치하여 글리세린이 항온조의 온도와 평형을 이루게 하고, 스톱워치로 4개의 표지 a에서 표지 b까지 떨어지는데 필요한 시간을 각각 측정한다.
6) 이 시간들의 평균값을 계산한다.
7) 메탄올이나 기타 용매로 관을 잘 닦은 후 시료용액을 사용하여 동일한 방법으로 측정한다.
8) 온도를 변화시키면서 동일한 방법으로 측정한다.

5. 보고서 작성

1) 기체 및 액체의 점도와 온도·농도와의 관계를 plot하고, 설명하시오.
2) 관련 문헌에서 점도와 온도·농도와의 관계에 대한 내용을 조사하고, 실험결과와 비교하시오. 만약 차이가 난다면 그 이유를 조사하고, 설명하시오.
3) 본 실험에서 수행한 방법이외의 점도 측정법을 조사하시오.
4) 실험을 할 때에는 <u>6. 데이터 처리</u> 쪽에 필기구로 작성하고, 보고서를 작성할 때에는 <u>6. 데이터 처리</u> 쪽을 잘라내어 보고서에 붙여 보고서를 제출한다.

6. 데이터 처리

6-1. Ostwald Viscometer Method

예) H_2O-MeOH system　　　　　　　　Mean temp. :　　　℃

Property	H_2O	20	40	60	80	100(v/v%)
$\theta_{mean,S}$						
ρ						
μ						

1) 각 시료의 점도를 계산하고, 핸드북에서 찾은 결과와 비교하시오.
2) ln η 대 1/T의 그래프를 그리고, 점성흐름에 대한 활성화에너지(ΔEvis)를 구하시오.

절취선

6-2. Falling-Ball Method

1) 볼베어링의 평균 지름 및 평균 부피는 얼마인가?
2) 볼베어링의 평균 무게 및 평균 밀도는 얼마인가?
3) 준비한 시료의 점도를 구하시오.

실험 3

기체의 온도와 부피 관계

1. 목 적

본 실험에서는 기체의 온도와 부피에 대한 관계를 Graham의 분압의 법칙에 의해 이해한다.

2. 이 론

기체의 부피는 일정한 압력 하에서 열을 가하면 팽창한다. 이때, 기체의 부피는 절대온도에 비례하는데, 이 관계식을 샤를(Charles)의 법칙이라 한다. 따라서

$V \propto T$ 또는 $V = k\ T$

섭씨온도 1oC씩 올라감에 따라 기체의 부피는 0oC 부피의 1/273씩 증가한다.

본 실험에서와 같이 물 위에 기체를 포집하는 경우에는 그 기체는 수증기가 포함되어 있으므로, 건조기체의 분압과 물의 증기압이 합하여 대기압과 같은 압력이 된다(Graham의 분압법칙). 따라서 건조기체의 압력은 대기압에서 물의 증기압을 빼줌으로써 구할 수 있다.

3. 기구 및 시약

1) 기구 : 삼각플라스크, 온도계, 메스실린더, 비이커, 기압계

4. 실험방법

1) 〈그림 1〉와 같이 가스 유도관의 하단부가 삼각플라스크 바닥 아래로 약 3 cm 더 내려오도록 한다.

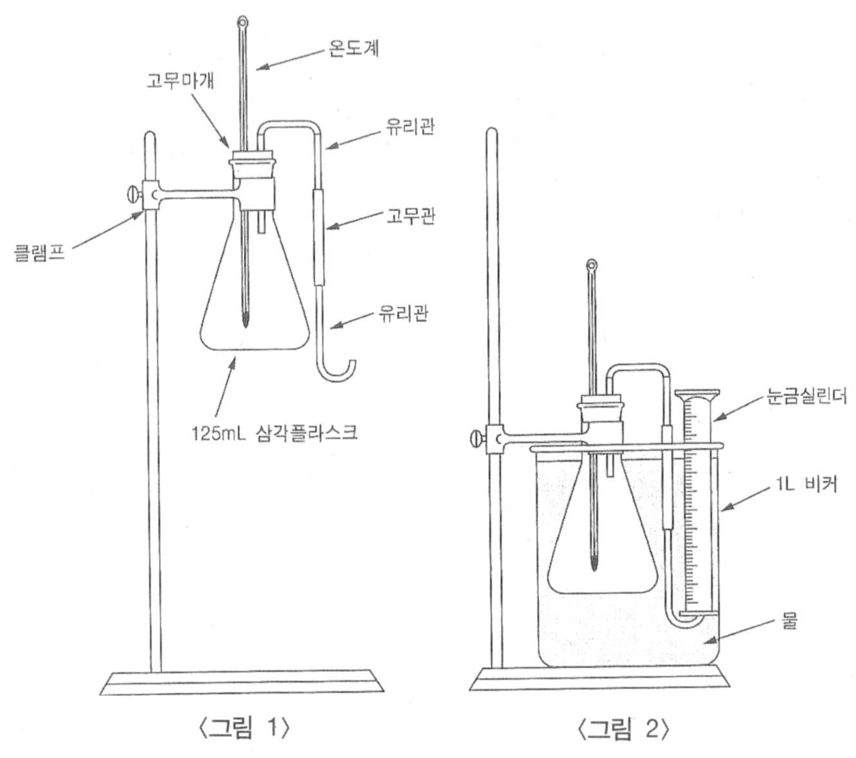

〈그림 1〉 〈그림 2〉

2) 〈그림 2〉와 같이 1 l 비이커에 삼각플라스크에 유도관이 들어가도록 하고, 유도관 끝 위에 50 ml 메스실린더를 놓는다.
3) 다음에 플라스크가 잠기도록 한 상태에서 비이커에 물을 넘치지 않을 만큼 채운다.
4) 플라스크를 꺼낸 후 비이커를 50oC로 가열하면서 메스실린더에 물을 채워 비이커 속에서 거꾸로 놓아 두어 비이커의 물과 함께 가온되도록 한다.(〈그림 1〉과 같이 플라스크를 온도계와 유도관을 부착한 고무마개로 막고, 온도계로부터 실온을 측정하여 기록하여 둔다.)

5) 플라스크를 빨리 내리어 유도관의 끝이 수면 이하 3 cm 가량 들어가도록 하고, 물속에 거꾸로 놓여 있는 실린더를 유도관 끝 위에 덮이도록 한다. 이때, 공기가 외부에서 들어가지 않도록 주의하여라. 그리고 이 모든 장치를 될 수 있는 한 낮은 위치에 까지 내린다(〈그림 2〉).

6) 플라스크 안의 공기가 가열됨으로 공기는 갑자기 팽창하고, 그것이 실린더 안에 포집된다.

7) 공기가 실린더 속으로 더 이상 들어가지 않으면 유도관 끝으로부터 실린더를 가만히 들어 실린더 안의 수면과 비이커의 수면이 일치할 때까지 실린더의 높이를 조절한 다음 실린더 안의 공기의 부피를 측정한다. 플라스크를 꺼내어 고무마개의 밑의 위치를 표시한 후 여기까지 물을 채워 원래의 공기의 부피를 측정한다.

8) 실린더 안의 공기 중에는 수증기도 포함되므로, 공기만이 차지하는 부피를 구하기 위하여 이 온도에서 물의 증기압을 참고자료에서 찾아 보정한다.

9) 샤를법칙에 따른다고 가정하고, 초기 부피와 온도로부터 가온된 온도에서 부피를 계산하여라. 이 계산된 값과 측정값이 3 ml 이내에서 일치하여야 한다.

10) 65℃까지 일정하게 온도를 변화시킨 후 위의 실험과정을 반복하여 측정한다.

5. 보고서 작성

1) 건조공기의 부피와 온도와의 관계를 plot하고, 샤를의 법칙을 적용시켜 설명하시오.

2) 샤를의 법칙과 관련된 법칙을 조사하고, 설명하시오.

3) 실험을 할 때에는 6. 데이터 처리 쪽에 필기구로 작성하고, 보고서를 작성할 때에는 6. 데이터 처리 쪽을 잘라내어 보고서에 붙여 보고서를 제출한다.

6. 데이터 처리

1) 온도별 부피 변화

구 분	초기	50℃	53℃	56℃	59℃	62℃	65℃
부 피							

2) 최종온도에서 건조공기의 분압은 얼마인가?

3) 최종온도와 대기압 하에서 실린더내의 건조공기의 부피는 얼마인가?

4) 가온된 온도에서 건조공기의 최종 전체부피를 계산하여라.

5) 샤를법칙으로부터 계산된 건조공기의 최종부피의 %오차를 계산하여라.

절
취
선

실험 4

액체의 상호 용해도 측정

1. 목 적

본 실험의 목적은 물-벤젠용액에 대한 초산의 용해도를 측정하여 세 가지 용액에서 이루어지는 용액의 조성을 3각 상도에 작성한다.

2. 이 론

일정한 온도에서 서로 섞이지 않는 2종의 용매 A, B가 2층으로 되어있는 곳에 어느 쪽의 용매에도 녹는 물질 C를 가하여 잘 교반하면 2종의 용매 중에 녹은 그 물질의 농도의 비는 일정하게 된다. 이것을 분배의 법칙(distribution law)이라 한다.

질량작용의 법칙에 의해 평형상태에 있어서 다음과 같이 된다.

$$k_A C_A = k_B C_B$$

$$\frac{C_B}{C_A} = K \tag{1}$$

여기서

C_B : B에 녹는 C의 농도 [mol/cm^3]

C_A : A에 녹는 C의 농도 [mol/cm^3]

K : 분배계수 [-]

분배계수(distribution coefficient)는 온도와 압력에만 관계한다. 또한 이것은 용질의 절대량과의 다소에 관계없이 성립하고, 묽은 용액이 갖는 특성의 하나이다.

어떤 용매중의 용질을 다른 용매 중에 추출하는 조작이나 미량 물질의 분석 및 분리에 이용되는 paper chromatography 등은 분배의 법칙을 응용한 것이다.

식 (1)은 물질 C가 어느 쪽의 용매에도 단 분자로써 녹아 있는 것으로 가정하는 경우에 성립하는 것으로, 용매 중에서 분자가 만나거나 전리를 일으키고 있는 경우에는 만나는 정도나 전리도에 의한 보정을 할 필요가 있다.

예를 들면, C분자가 A중에서는 단일분자로서 녹고, B중에서는 n분자가 만나 C_n으로 되어 있다고 한다면 식 (1)은 다음 식과 같이 다시 써야 한다.

$$\frac{C_B}{C_A^n} = K' \tag{2}$$

이 경우 정확하게는 C_B에 C_n의 농도를 취해야 하나 분석적으로 n의 값을 구하는 것이 곤란한 경우에는 단일분자로서의 농도를 나타내는 것으로 하면 C_B의 농도는 그 1/n이 되므로, 분배계수의 값은 K'의 n배로 된다.

용질의 분배가 식 (1)에 따르는 경우는 C_A와 C_B의 관계는

$$C_B = K C_A \tag{3}$$

로 되어 일차식(직선)으로 되지만, 식 (2)에 따르는 경우에는

$$C_B = K' {C_A}^n \tag{4}$$

으로 되므로, 양변의 대수를 취하면 다음과 같이 된다.

$$\log C_B = n \log C_A + \log K' \tag{5}$$

양대수 그래프에 나타내면 그래프 위의 직선의 교차에서 직접적으로 n이 구해진다. 또

한 log C_B 축 상의 절편에서 log K'를 계산하여 K'의 값이 구해진다.

분배법칙의 대표적인 응용의 예로는 액-액 추출이 있다. 즉, 혼합물 (A+B)를 성분 A와 B로 각각을 분리하고 싶을 경우 일반적으로 증류조작이 수행되지만, A, B의 끓는점이 아주 가까운 경우나 A와 B가 같이 끓는 혼합물을 만드는 경우 등에서는 이 혼합물에 그렇게 서로 녹지 않는 별개의 상을 만드는 제3의 성분 C를 가하여 접촉시켜 성분 A만을 가능한 한 C층으로 이동시켜 분리하는 방법이다.

본 실험에서는 서로 거의 녹지 않는 물-벤젠용액에 초산을 가하여 분배법칙을 조사하지만 초산의 양을 증가해가면 분배법칙에서 벗어나 전체가 균일한 용액으로 된다. 이때의 세 가지 액의 중량비를 근거로 3각 상도를 작성한다.

3. 기구 및 시약

1) 기구 : 항온조, 뷰렛 지지대, 코니칼비이커(50, 250 ml) 각 1개, 25 ml용 뷰렛 1개, 메스실린더, 스포이드, 교반기
2) 시약 : 순수 벤젠, 빙초산, 증류수(어느 쪽도 비중을 미리 아는 것)

4. 실험방법

1) 50 ml용 코니칼비이커를 25℃ 항온조에서 3~5분간 방치해 놓는다.
2) 벤젠 5 ml와 증류수 2 ml를 넣고, 항온조에 2분 동안 방치한다.
3) 뷰렛으로 빙초산을 소량 가하고, 그 양을 측정한다.
4) 용기를 항온조에서 꺼내 흔들어 섞는다.
5) 투명한 하나의 액체층으로 되었을 경우 증류수를 1 ml 정도를 가한다.
6) 10회 이상 반복한 후 증류수 2 ml 정도를 20회 가한다.
7) 실험데이터를 산출한다.
8) 35℃와 45℃에서 실험을 반복한다.
9) 중량비를 계산한다.

5. 보고서 작성

1) 물-벤젠 용액에 대한 초산의 용해도를 측정하여 세 가지 액에서 이루어지는 용액의 조성을 3각 상도의 도표 상에 나타내시오.
2) 분배법칙을 요약하여 설명하시오.
3) 액체의 상호 용해도의 원리를 설명하시오.
4) 실험을 할 때에는 **6. 데이터 처리** 쪽에 필기구로 작성하고, 보고서를 작성할 때에는 **6. 데이터 처리** 쪽을 잘라내어 보고서에 붙여 보고서를 제출한다.

6. 데이터 처리

1) 처음과 나중의 실험에서 초산을 적가할 때마다 3액의 전체의 중량비를 하나하나 계산한다.(초산을 적가할 때마다 3종의 액의 중량비.)

2) 그 값을 아래 그림과 같이 3각 상도의 도표 상에 나타내어 상호 용해도 곡선을 작성한다.

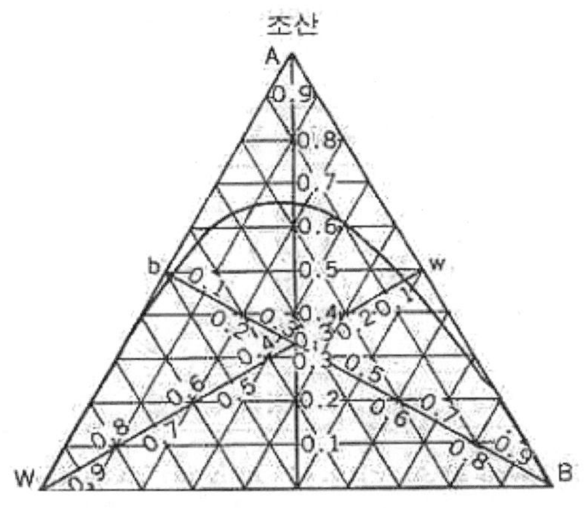

〈그림 1〉 벤젠-물-초산의 상호 용해도 곡선

(3) 그림 중 A_a, B_b, W_w는 각각 초산, 벤젠, 물의 조성이 눈금으로 되어 있다.

(4) 얻어진 곡선은 그림에서 예를 들면 A_a에 대하여 필히 대칭으로 되지 않고, 이것에서 3액의 상호의 용액의 모습을 잘 알 수 있다.

(5) 정삼각형의 각 질점은 각각의 성분이 100%인 것을 나타내고, 일반적으로 중량%로 나타낸다.

절취선

(℃)

회 수	누 적 량(ml)			질 량 비		
	증류수	빙초산	벤젠	증류수	빙초산	벤젠
1						
2						
3						
4						
5						

실험 5

흡착평형 측정

1. 목 적

본 실험에서는 초산용액에서 활성탄에 의한 초산의 흡착량을 측정하고, 흡착등온선을 작성하여 흡착평형에 대해 알아본다.

2. 이 론

용액 중의 성분이 있는 고체표면에 흡착하는 현상은 공업적으로 용제의 회수나 정제, 탈색, 분석, 촉매반응 등 많은 실용조작으로서 중요한 역할을 하고 있다.

흡착의 현상은 기체-고체, 액체-고체, 액체-액체, 기체-액체의 계에서 일어난다. 여기서는 흡착이 단분자층 이상의 다중흡착으로는 되지 않는 고상에 액상 흡착의 예를 취급한다. 이 원리는 고체표면의 표면적을 측정하는 경우에도 널리 응용되고 있다.

구 분	물리흡착	화학흡착
흡 착 력	분자간의 힘에 의해 발생	화학 결합력에 의해 발생
엔 탈 피	수 ㎉/mol	10~100 ㎉/mol
흡착온도	기체의 액화온도 이하	끓는점 보다 훨씬 높다.
흡착속도	급속으로(탈리에도 용이)	늦게(탈리하기가 어렵다.)
활성화열	불필요	10~100 ㎉ 정도 필요
선 택 성	어떤 조건에서의 모든 것이 흡착제에서 일어난다.	흡착제, 흡착질에 의해 강한 선택성을 갖는다.
흡착한도	어떤 조건에서도 다분자층을 만든다.	단분자층으로 된다.

일정온도에서 농도 C의 용액 중에서 m[g]의 흡착제에 의해 흡착되는 성분(흡착질)의 양 x[g]는 Freundlich의 다음의 관계식으로 나타내진다.

$$\frac{x}{m} = k\,C^{n} \tag{1}$$

$$\log\frac{x}{m} = \log k + n\log C \tag{2}$$

여기서

x : 흡착질의 량 [g]
m : 흡착제의 량 [g]
k : 흡착제나 흡착질에 대해서의 일정한 값
C : 용액의 농도 [g/ml]

식 (2)의 log(x/m)과 log C와의 관계를 각각 직각좌표의 y축, x축에 나타내면 그 직선이 x축인 log C축과 만드는 기울기가 n이고, y축의 log(x/m)과의 교차점이 log k인 것에서 k의 값이 계산된다.

본 실험에서는 초산용액에 활성탄을 투입하여 초산의 흡착량을 측정하여 실제로 식의 직선관계를 조사해 본다. 일정량의 흡착제(adsorbent)가 흡착하는 흡착질(adsorbate)의 양은 흡착제나 흡착질의 종류와 농도에 따라 변화하고, 온도에도 관계한다. 온도를 일정하게 했을 때의 흡착량과 온도와의 관계를 나타낸 곡선을 흡착등온선(adsorption isotherm)이라 한다.

3. 기구 및 시약

1) 기구 : 항온조, 삼각플라스크(100~200 ml) 12, 메스플라스크(200 ml) 4, 피펫(100 ml 1개, 50 ml 5개), 뷰렛 1개, 저울, 스탠드, 클램프
2) 시약 : 활성탄 25 g, 0.4 N-CH_3COOH 250 ml, 0.1 N-NaOH 표준용액 500 ml, 페놀프탈레인지시약

4. 실험방법

1) 초산 12 g를 증류수에 넣어서 500 ml 기준용액을 만든다.
2) 0.4, 0.2, 0.1, 0.05, 0.025, 0.0125 N의 초산용액을 각 100 ml씩 조재한다.
3) 0.4N의 기준용액 일부를 취하여 0.1N NaOH로 적정한다.
4) 각각 3 g의 활성탄을 첨가한다.
5) 항온조에 약 2분간 방치한다.
6) 활성탄을 분리하고, 각각 초산용액의 농도를 측정한다.
7) 처음의 농도와 비교하여 흡착량을 구한다.

5. 보고서 작성

1) 흡착평형의 표현에 사용되는 Langmuir형 흡착식, Freundlich형 흡착식, BET형 흡착식에 대해 조사하시오.
2) 흡착의 원리를 간단히 설명하시오.
3) 실험을 할 때에는 **6. 데이터 처리** 쪽에 필기구로 작성하고, 보고서를 작성할 때에는 **6. 데이터 처리** 쪽을 잘라내어 보고서에 붙여 보고서를 제출한다.

6. 데이터 처리

초기농도	CH_3COOH 양(g)	NaOH 적정량	흡착 후 농도	흡착 후 CH_3COOH 양(g)	흡착량 (g)	흡착제 (g)
0.4N						
0.2N						
0.1N						
0.05N						
0.025N						
0.0125N						

절
취
선

실험 6

화학평형상수 측정

1. 목 적

Fe^{3+} 이온과 SCN^-(싸이오사이안산) 이온이 반응하면 붉은 색을 띠는 $FeSCN^{2+}$ 착이온이 생성된다. 본 실험에서는 착이온의 농도를 비색법으로 구하여 착이온 생성반응의 평형상수를 결정하는 방법을 습득한다.

2. 이 론

평형상태에서 각 물질의 농도를 알면 평형상수를 구할 수 있으며, 이 값은 온도가 변화하지 않는다면 일정한 값을 갖는다. 질산철(Ⅲ)($Fe(NO_3)_3$) 용액과 싸이오사이안산칼륨 용액을 섞으면 다음 반응에 따라 붉은색을 띤 착이온인 $FeSCN^{2+}$이 생성된다.

$$Fe^{3+}(aq) + SCN^- = FeSCN^{2+}(aq)$$

착이온의 농도(x)를 측정하면 아래와 같이 이 반응의 평형상수를 계산할 수 있다.

$$K = \frac{[FeSCN^{2+}]}{[Fe^{3+}][SCN^-]} = \frac{x}{(a-x)(b-x)} \qquad (1)$$

여기서 a와 b는 각각 Fe^{3+} 및 SCN^-의 초기농도이다. 생성된 착이온의 농도는 착이온의 표준용액과 색을 비교하여 구할 수 있다.

색을 띤 $FeSCN^{2+}$ 용액의 흡광도는 이 용액의 농도와 빛이 통과하는 용액의 두께에 비례한다. 따라서 농도를 알고 있는 $FeSCN^{2+}$ 표준용액의 색과 농도를 알고자 하는 $FeSCN^{2+}$ 용액의 색을 비교하여 그 세기가 같으면 다음 관계가 성립한다.

$$l(\text{표준}) \times c(\text{표준}) = l(\text{평형}) \times c(\text{평형})$$

여기서 l과 c는 각각 빛이 통과한 용액의 두께와 농도이며, (표준)과 (평형)은 가각 표준용액과 평형에 도달한 혼합용액을 뜻한다. 따라서 c(표준)를 알면 l(표준)과 l(평형)를 측정함으로써 c(평형)를 구할 수 있다.

3. 기구 및 시약

1) 기구 : 100×20 mm 시험관(7개), 10 ml 눈금 실린더, 50 ml 눈금 실린더, 100 ml 비커, 스포이트, 그래프용지, 테이프, 시험관 꽂이, 흰 종이(거름종이)
2) 시약 : 0.2M $Fe(NO_3)_3$, 0.002M KSCN(즉시 만든 것)

4. 실험방법

1) 6개의 시험관에 1번부터 6번까지 번호를 매기고, 시험관 꽂이에 나란히 세운 다음 10 ml 눈금실린더를 사용하여 0.002M KSCN 용액 5 ml씩 취하여 각 시험관에 담는다.
2) 10 ml 눈금실린더를 사용하여 0.2M $Fe(NO_3)_3$ 용액 5.0 ml를 취하여 1번 시험관에 넣고, 흔들어서 잘 섞이도록 한다. 이때, SCN^- 이온은 전부 $FeSCN^{2+}$로 바뀐다고 가정한다. 따라서 이 시험관이 $FeSCN^{2+}$ 표준용액으로 쓰인다.
3) 10 ml 눈금실린더를 사용하여 0.2M $Fe(NO_3)_3$ 용액 10 ml를 취하여 50 ml 눈금실린더에 담고, 여기에 증류수를 가하여 전체 부피가 25 ml가 되도록 한다. 이것을 비커에 옮겨서 잘 섞은 다음 이 용액 5.0 ml를 취하여 2번 시험관에 넣

고, 흔들어 잘 섞는다.

4) 10 ml 눈금실린더를 사용하여 앞에서(3항) 비커에 남은 $Fe(NO_3)_3$ 용액 10 ml를 취하여 50 ml 눈금실린더에 옮긴 다음 증류수를 가하여 전체 부피가 25 ml가 되도록 한다. 이것을 비커에 옮겨서 잘 섞은 다음 이 용액 5.0 ml를 취하여 3번 시험관에 넣고, 흔들어서 잘 섞는다.

5) 이와 같은 조작을 되풀이 하여 점차 묽힌 $Fe(NO_3)_3$ 용액을 차례로 6번 시험관까지 채운다. 조작이 되풀이 될 때마다 실린더와 비커를 씻도록 하여라.

6) 1번과 2번 시험관 둘레에 각각 종이를 감고, 느슨하게 테이프를 붙여서 아래와 윗면이 뚫린 실린더 모양으로 만들어 시험관으로부터 뺄 수 있도록 한다. 이것은 바깥 빛을 차단하기 위함이다.

7) 흰 종이(또는 거름종이)위에 두 시험관을 나란히 세운다. 한 개의 빈 시험관을 가까이 준비해 둔다. 1번과 2번 시험관을 위에서 내려다 볼 때 두 시험관에 든 용액의 색의 세기가 같아질 때까지 스포이트로 1번 시험관에 든 용액을 빈 시험관으로 옮긴다.

8) 시험관을 두른 종이 실린더를 벗겨 낸 다음 센티미터 눈금이 새겨진 그래프 용지로 시험관 뒤에 세워 1번과 2번 시험관에 든 용액의 높이(l)를 측정한다.

9) 위와 같이 반복(6, 7 및 8항)하여 3, 4, 5 및 6번 시험관과 비교한다.

5. 보고서 작성

1) 평형상수와 반응물의 농도와의 관계에 대해서 설명하시오.

2) 평형상수에 영향을 끼치는 인자로는 어떠한 것들이 있는지 조사하시오.

3) 색을 띠고 있는 화학종이 $FeSCN^{2+}$가 아니라 $Fe(SCN)_2^{+}$라고 가정하여 실험결과를 검토해 보아라.

4) 실험을 할 때에는 <u>**6. 데이터 처리**</u> 쪽에 필기구로 작성하고, 보고서를 작성할 때에는 <u>**6. 데이터 처리**</u> 쪽을 잘라내어 보고서에 붙여 보고서를 제출한다.

6. 데이터 처리

1) 실험결과 초기농도

시험관 번호	혼합용액의 초기 농도, M		색이 같아졌을 때의 높이
	Fe^{3+}	SCN^-	
1			
2			
3			
4			
5			
6			

절취선

2) 평형농도 및 평형상수

시험관 번호	$FeSCN^{2+}$	Fe^{3+}	SCN^-	K
1				
2				
3				
4				
5				
6				

실험 7

화학반응속도 측정(반응차수 결정)

1. 목 적

반응물의 초기농도를 변화시켜 초기 반응속도를 측정함으로써 반응차수를 구할 수 있다. 본 실험에서는 KI(아이오딘화칼륨) 촉매 하에 과산화수소를 분해하는 반응에서 산소 발생속도로부터 반응속도를 구하여 H_2O_2(과산화수소) 및 KI에 대한 반응차수를 결정하는 방법을 알아본다.

2. 이 론

반응속도는 반응물이나 생성물의 단위시간당 농도 변화로 정의되며, 농도, 촉매 및 온도의 영향을 받는다.

과산화수소를 아이오딘화칼륨을 촉매로 분해하면 산소(O_2)와 물(H_2O)이 생성된다.

$$2H_2O_2 \xrightarrow{KI} H_2O + O_2 \tag{1}$$

촉매로 사용된 아이오딘화칼륨은 반응식에 나타나지 않지만 반응속도에는 영향을 주며, 이 반응속도는 속도법칙에 따라 다음과 같이 나타낼 수 있다.

$$\text{반응속도} = \kappa' [H_2O_2]^m [KI]^n \tag{2}$$

여기서 k'는 속도상수이며, m과 n은 각각 H_2O_2 및 KI에 대한 반응차수이다.

본 실험의 목적은 초기 반응속도법에 의해 위 반응의 반응차수 m과 n을 구하는 일이다. 따라서 다음의 표와 같이 반응물의 초기농도를 변화시켜 반응을 개시하고, 반응 초기의 반응속도를 시간의 경과에 따른 산소 발생량으로부터 구한다.

반응	3% H_2O_2 (ml)	0.15M KI (ml)	H_2O (ml)	전체부피 (ml)
a	5	10	15	30
b	10	10	10	30
c	5	20	5	30

세 반응(반응 a, b 및 c)의 반응속도는 가각 속도법칙에 따라 다음과 같이 나타낼 수 있다.

$$a\,\text{반응속도} = \kappa'[5]^m[10]^n \tag{3}$$

$$b\,\text{반응속도} = k'[10]^m[10]^n \tag{4}$$

$$c\,\text{반응속도} = k'[5]^m[20]^n \tag{5}$$

식 (4)를 식 (3)으로 나누고, 대수를 취하면 식 (6)이 얻어지며, 식 (5)를 식 (3)으로 나누고, 대수를 취하면 식 (7)이 얻어진다. 또한 용액의 전체 부피를 일정하게 하였으므로, 반응물의 부피를 농도로 대치할 수 있다.

$$\log\frac{b\,\text{반응속도}}{a\,\text{반응속도}} = m\log 2 = 0.3010\,m \tag{6}$$

$$\log\frac{c\,\text{반응속도}}{a\,\text{반응속도}} = n\log 2 = 0.3010n \tag{7}$$

따라서 a, b 및 c 반응속도를 실험에서 구함으로써 반응차수 m 및 n을 결정할 수 있다.

3. 기구 및 시약

1) 기구 : 250 ml 삼각플라스크, 25 ml 눈금 실린더, 10 ml 눈금실린더, 물통, 10 ml 눈금피펫 또는 부피 측정관 또는 50 ml 뷰렛 수위 조절용기 또는 비커(그림의 b), 온도계(0~100℃), 고무관, 고무마개(2개)

2) 시약 : 3% H_2O_2 용액, KI (0.15M, 0.1M)용액, 증류수

4. 실험방법

1) 〈그림 1〉과 같이 반응용기와 기체부피 측정장치를 조립한다. 기체부피 측정관 대신에 50 ml 뷰렛을 사용해도 된다. 또한 수위 조절용기가 없으면 그림의 b와 같이 구부러진 사이폰 유리관을 걸친 비커를 이용할 수도 있다. 마개는 기체가 새지 않도록 연한 고무마개를 쓰도록 하여라.

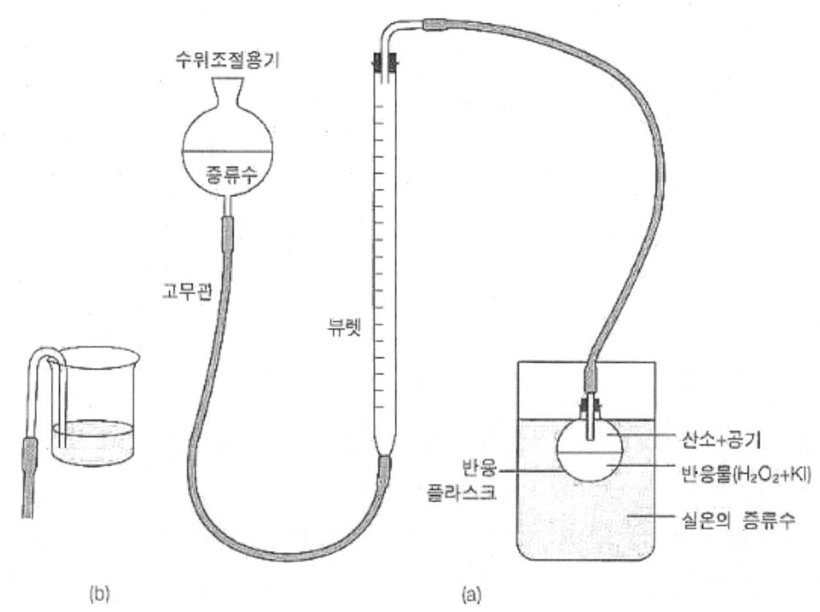

〈그림 1〉 과산화수소로부터 산소의 발생속도를 측정하는 장치

2) 물통에 3~5 cm 높이까지 물을 채우고, 온도계를 꽂는다.
3) 기체부피 측정관의 고무마개를 열고 물을 채운다.
4) 수위 조절용기를 아래, 위로 움직여서 수위가 눈금 0점 아래에 오도록 조절한 다음 마개를 닫는다.
5) 실험을 시작하기 전에 이 장치가 새지 않는지를 검사한다. 수위 조절용기를 위와 아래로 움직일 경우 기체부피 측정관의 수위가 거의 움직이지 않으면 된다.
6) 0.1M KI 용액 10 ml와 증류수 15 ml를 반응용기에 넣고, 조금 흔들어서 반응물의 온도와 물통의 온도가 같아지도록 한다.
7) 여기서 3% H_2O_2 용액 5 ml를 가하고, 곧 마개를 닫은 다음 반응용기를 잘 흔들어 준다. 이때, 손에 의해서 반응용기의 온도가 상승하지 않도록 반응용기의 윗부분을 잡도록 하여라.
8) 약 2 ml의 산소가 발생될 때부터 시간을 측정하기 시작한다. 일정한 압력(여기서는 대기압)에서 산소의 부피를 측정하는 것이 중요하다. 그러므로 기체부피 측정관과 수위 조절용기의 수위를 같게 조절한 다음 발생된 산소의 부피를 측정하도록 한다.
9) 발생된 산소의 부피가 2 ml씩 증가할 때마다 시간을 측정하여 전체 부피가 14 ml가 될 때까지 계속한다.
10) 반응용기를 증류수로 깨끗이 씻고, 이번에는 0.15M KI 용액 10 ml, 증류수 10 ml 및 3% H_2O_2 용액 10 ml를 가지고 같은 실험을 반복한다.

5. 보고서 작성

1) 각 실험의 반응속도를 나타낸 그림에서 반응속도의 경향을 말하고, 그 이유를 설명하여라.
2) 실험1(반응 a)에 실험2 및 실험3(반응 b 및 c)에서 물통의 온도가 상승하였다면 m과 n 값이 어떻게 변화하겠는가?
3) 실험을 할 때에는 6. 데이터 처리 쪽에 필기구로 작성하고, 보고서를 작성할 때에는 6. 데이터 처리 쪽을 잘라내어 보고서에 붙여 보고서를 제출한다.

6. 데이터 처리

실험 1(반응 a)		실험 2(반응 b)		실험 3(반응 c)	
부피(ml)	시간(분)	부피(ml)	시간(분)	부피(ml)	시간(분)

절취선

a 반응속도	
b 반응속도	
c 반응속도	
m(H_2O_2)에 대한 반응차수	
n(KI)에 대한 반응차수	
반응속도식	

실험 8

마그네슘의 연소열 측정 (헤스의 법칙 응용)

1. 목 적

본 실험에서는 헤스의 법칙으로부터 마그네슘의 연소열을 측정하는 방법을 이해한다.

2. 이 론

헤스의 법칙은 어떤 과정의 에너지를 얻기 위하여 몇 가지 과정에 대한 식을 대수학적으로 결합시키고, 이 과정에 해당되는 에너지를 더하는 과정이다. 이 방법을 사용하려면 반응물과 생성물을 포함하는 모든 화학종이 들어 있는 반응식을 모은 다음 원하는 반응물과 생성물만이 남아있게 결합시켜야 한다. 에너지와 엔탈피는 모두 크기 성질이므로 만약 지정된 반응물 또는 생성물이 1 몰 이상 포함되어 있으면 1 몰 당 엔탈피 변화량에 그 물질의 양만큼 곱해 주어야 한다. 이 중요한 원리로부터 모든 형태의 반응에 대한 엔탈피의 자료를 수집할 가치가 생긴다. 예를 들면, 마그네슘의 연소열을 직접 측정하는 것은 곤란하므로, 다음 반응열을 측정하고, 헤스의 법칙을 이용하여 간접적으로 산출한다.

$$Mgo(s) + 2HCl(aq) \rightarrow MgCl_2(aq) + H_2O(l) \quad (1)$$

$$Mg(s) + 2HCl(aq) \rightarrow MgCl_2(aq) + H_2(g) \quad (2)$$

$$H_2(g) + 1/2O_2(g) \rightarrow H_2O(l) \quad (3)$$

즉, 위 반응의 반응열의 측정값에서 $Mg(s) + 1/2O_2(g) \rightarrow MgO(s)$의 반응에서 반응열을 구하는 것이 목적이다. 또한 (3)의 반응열은 표에서 얻어진 값(68.3 kcal/mol)을 이용한다.

3. 기구 및 시약

1) 기구 : 발포스티롤의 단열상자, 폴리에틸렌의 시약병(100 ml), 고무마개(시약병의 입구에 맞는 고무마개의 측면을 V자형으로 가위로 귀퉁이를 자른다.) 메스실린더(100 ml), 온도계, 저울

2) 시약 : 마그네슘(Mg), 1M 염산, 산화마그네슘(MgO)

4. 실험방법

1) 그림과 같은 장치로 조립한다.

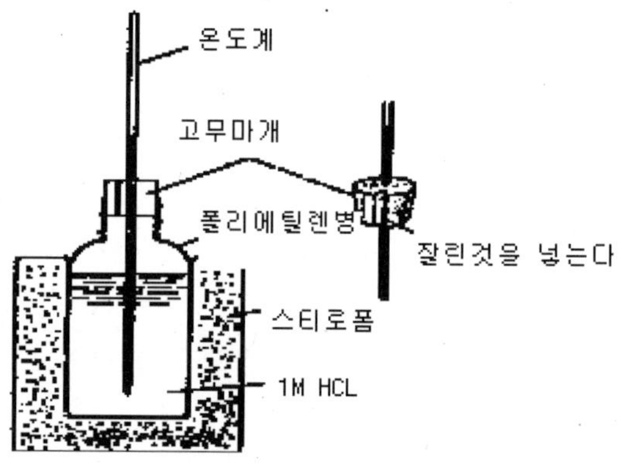

〈그림 1〉 실험장치

2) 1M 염산 100 ml를 폴리에틸렌 시약병에 넣어서 온도를 측정한다. 이것에 1 g의 산화마그네슘의 분말을 가하여 간혹 흔들어 혼합하면서 최고에 도달할 때의 온도를 읽어서 기록한다. 온도는 0.1℃의 정도에서 측정하고, 산화마그네슘의 질량

은 1/100 g 단위까지 측정한다.

3) 폴리에틸렌 시약병의 내용물을 버리고, 다시 개량하여 담은 100 ml의 1M 염산의 병 내에 넣는다. 그리고 2)와 동일하게 온도를 계량하여 0.5 g의 마그네슘을 넣어 반응시켜 액의 최고 온도를 측정한다.

※ **주의사항** : 1 g의 MgO 및 Mg 0.5 g는 100 ml의 1M-HCl과 100% 반응한다. 즉, 염산이 과잉으로 되었다. Mg는 리본상의 것을 종이 줄로 문질러서 평량하여 그 후 될 수 있는 한 가늘게 손으로 비틀어 뗀다. H_2가 발생하므로 화기에 조심한다.

5. 보고서 작성

1) 실험값과 문헌치의 연소열을 비교하여 오차의 원인을 조사하시오.
2) 화학반응이 일어날 때 열을 방출하거나 흡수하는 원인은 무엇인가?
3) 실험을 할 때에는 **6. 데이터 처리** 쪽에 필기구로 작성하고, 보고서를 작성할 때에는 **6. 데이터 처리** 쪽을 잘라내어 보고서에 붙여 보고서를 제출한다.

6. 데이터 처리

1) $MgO(s) + 2HCl(aq) \rightarrow MgCl_2(aq) + H_2O(l)$의 반응의 계산 예

1M 염산 100 ml에 산화마그네슘 1 g를 가하였을 때의 온도상승 7.6℃에서 용액 1 ml의 온도를 1℃상승시키는 데 필요한 열량을 1 cal로 가정한다면 1 g의 반응에서 발생한 열량은 7.6 ℃×1 cal/℃ ml×100 ml = 760 cal = 0.76 kcal 이다.

산화마그네슘의 분자량은 40.3이므로, 위의 반응열(kcal/mol)은

0.76 kcal/g(MgO) ×40.3(MgO)/mol = 30.6 kcal/mol이다.

2) $Mg(s) + 2HCl \rightarrow MgCl(aq) + H(aq)$의 반응의 계산 예

0.5 g의 마그네슘을 염산을 가하였을 때의 온도상승이 21.1℃이고, 마그네슘의 원자량은 24.3이므로, 여기에서 1)과 동일하게 하여 계산한다.

$$2.16\,kcal = \frac{24.3\,g(Mg)/mol}{0.5\,g(Mg)} = 103.0\,kcal/mol$$

3) $Mg(s) + 1/2O_2(g) \rightarrow MgO(s)$의 반응열의 산출 예

위의 1, 2 및 데이터 표에서 다음의 열역학 방정식

$MgO(s) + 2HCl(aq) \rightarrow MgCl_2[aq] + H_2O(l) + 30.6$ kcal ①

$Mg(s) + 2HCl(aq) \rightarrow MgCl_2[aq] + H_2[g] + 103.0$ kcal ②

$H_2(g) + 1/2O_2 \rightarrow H_2O(l) + 68.3$ kcal ③

이 얻어진다. 여기서

$Mg(s) + 1/2O_2(g) \rightarrow MgO(s) + x$ Kcal ④

의 x를 구할 수 있다. 즉, ①+④ = ②+③에서

x kcal + 30.6 kcal = 103.0 kcal + 68.3 kcal

∴x = 140.7 kcal ≒ 141 kcal

[실험결과] $MgO(s) + 2HCl(aq) \rightarrow MgCl_2(aq) + H_2O(l)$

구 분	1회	2회	3회
최고온도(℃)			
처음의 온도(℃)			
온도차(℃)			
발열량(Kcal/g MgO)			
반응열(Kcal/mol)			

[실험결과] Mg(s) + 2HCl(aq) → MgCl [aq] + H [g]

구 분	1회	2회	3회
최고온도(℃)			
처음의 온도(℃)			
온도차(℃)			
발열량(Kcal/g)MgO			
반응열(Kcal/mol)			

[참고] Mg(s) + 1/2O (g) → MgO의 문헌값 : 143.70 kcal/mol(25℃, 1기압)

절취선

실험 9

액체의 끓는점 상승 측정

1. 목 적

본 실험에서는 끓는점 상승법에 의해 특정 용매-안식향산계의 끓는점 상승을 측정하여 안식향산의 분자량을 산출한다.

2. 이 론

비휘발성의 용질을 용매에 녹이면 용매의 증기압이 감소한다. 따라서 용액의 끓는점은 순수한 용매의 끓는점(boiling point)에 비해 상승하는데, 묽은 용액에서 끓는점 상승도, ΔT_b(molal ebullition of the boiling point)는 다음 식에서 구해진다.

$$\Delta T_b = K_b\, m = K_b \frac{(w/M)}{(W/1000)} = K_b \frac{1000 \times w}{MW} \qquad (1)$$

여기서

ΔT_b : 끓는점 상승도 [℃]

K_b : 몰 끓는점 상승 [-]

m : 용매 1000g 중의 용질의 몰수 [mol]

w : 용매중의 용질의 질량 [g]

M : 용질의 분자량 [g/mol]

W : 용액중의 용매의 질량 [g]

식 (1)에서 용질의 분자량은 다음의 식으로 구해진다.

$$M = K_b \frac{1000 \times w}{(\Delta T_b W)} \quad (2)$$

식 (1)은 라울(Raoult)의 법칙에 근거한 것으로, 이상용액에 잘 맞는다. 따라서 보다 묽은 용액에 잘 성립되도록 되지만 용매화를 형성하는 것이나 전해질의 수용액에는 그대로 적용할 수 없다.

용매의 끓는점과 몰 끓는점 상승, K_b를 다음 표에 나타내었다.

〈표 1〉 용매의 끓는점(b.p)과 몰 끓는점 상승 정수

용 매	b.p(℃)	K_b	용 매	b.p(℃)	K_b
물	100.0	0.513	벤 젠	80.8	2.63
메탄올	64.7	0.830	초 산	118.1	3.14
에탄올	75.4	1.20	클로로포름	61.2	3.85
아세톤	56.2	1.72	사염화탄소	78.8	5.02

용매 1000 g중에 용질 1몰을 함유하는 용액의 끓는점 상승에 해당하는 것이 몰 끓는점 상승으로, 이것은 정수 K_b로 되어 있다.

3. 기구 및 시약

1) 기구 : Cottrel 장치, 냉각기, 벡크만 온도계, 기압계, 전제(錠劑)성형기 1 세트, 맨틀 히터, 코르크 마개, 평량병 1, glasswool, 25 ml 피펫 1

2) 시약 : 사염화탄소, 메탄올, 에탄올, 벤젠, 초산, 아세톤, 안식향산

4. 실험방법

1) 순수한 특정 용매 W g를 Cottrel 장치에 넣는다. 정제된 것이 아니면 끓는점이 일정하게 되지 않는다.
2) 맨틀히터로 비등할 때까지 가열한다. 이때, 노즐에서 격하게 액이 수은 모이는 곳에 늘어붙도록 가열을 조절한다.
3) 온도계를 한번 가볍게 쳐서 지시하는 온도를 읽는다.
4) 기압계로 대기압을 측정한다.
5) 가열을 멈추고, 충분히 온도가 내려갈 때까지 냉각한다.
6) 온도계를 때어낸 후 그 입구에 안식향산을(1~5%) 넣는다.
7) 위의 과정을 3번 정도 반복한다.

※ 참 고

(1) 오차의 최대 원인은 용매의 증발에 의한 용질농도의 변화이다. 이것에 대해서는 실험종료후 액의 농도를 분석하여 증발한 액의 보정을 한다. 그러나 일반적으로 이 보정을 하여도 이 방법은 정도(精度)가 높지 않고, 응고점 강하법 쪽이 적당하다.
(2) 분자량은 안식향산을 회수마다 식 (2)에 의해 구해진다.
(3) 기압의 변동에 의한 오차는 압력에 의한 끓는점의 변동으로 보정하나 실험중의 기압의 변동이 10 mmHg이내라면 그 영향은 무시해도 된다.

5. 보고서 작성

1) 안식향산의 농도에 따른 평균 b.p.와 분자량을 plot하고, 결과에 대해 설명하시오.
2) 라울의 법칙에 대해 조사하시오.
3) 이상용액이란 무엇이며, 왜 이상용액일 경우를 가정하는지 그 이유를 설명하시오.
4) 분자량 측정법에 대해 조사하시오.
5) 실험을 할 때에는 <u>6. 데이터 처리</u> 쪽에 필기구로 작성하고, 보고서를 작성할 때에는 <u>6. 데이터 처리</u> 쪽을 잘라내어 보고서에 붙여 보고서를 제출한다.

6. 데이터 처리

구 분	1%	2%	3%	4%	5%
평균 b.p.					
분자량(M)					

절
취
선

실험 10

표면장력 측정

1. 목 적

본 실험에서는 모세관 상승법 및 장력계법에 의해 액체의 표면장력을 측정하고, 액체의 표면장력에 미치는 농도와 온도의 영향을 알아본다.

2. 이 론

액체 표면상의 분자는 단위 용적당의 분자 수가 기체 족보다 액체 쪽에 많으므로, 액체 내부로 끌어 다니는 힘이 크기 때문에 액체표면에서는 합성력 내부로 작용하고, 표면장력을 가급적 작게 하려고 한다. 액체 표면에서 이와 같은 장력을 표면장력(surface tension, γ)이라 하며, 액체분자간의 인력으로 설명할 수 있다.

표면장력은 액체 표면상의 길이 1 cm의 선에 수직으로 작용하는 힘으로 정의된다. 즉, 액체표면에서 1 cm 길이의 직선에 수직되는 방향의 힘(dyne)이다.

일정한 온도와 압력에서 표면적을 증가시키려면 가역적 일을 해 주어야 하며, 그에 따라 계의 자유에너지가 증가한다. 이와 같이 더해진 자유에너지를 보통 표면자유에너지(surface free energy)라고 한다. 즉,

$$dw = df = \gamma dA \tag{1}$$

여기서,

dw : isothermal reversible work done on the system [kg·m]

dA : change in surface area [m^2]
f : increase in surface free energy[kg·m]
γ : surface tension [kg/m]

특히, 구형의 증기 기포에서는 압력에 대항하는 힘은 $F_1 = \pi r^2 \times P$이고, 표면장력의 힘은 $F_2 = \gamma \times 2\pi r$이며, 기포가 구형으로 존재 시에는 $F_1 = F_2$이다. 따라서 $\pi r^2 \times P = \gamma \times 2\pi r$이므로,

$$\therefore P = \frac{2r}{r} = \frac{dyne}{cm^2} \tag{2}$$

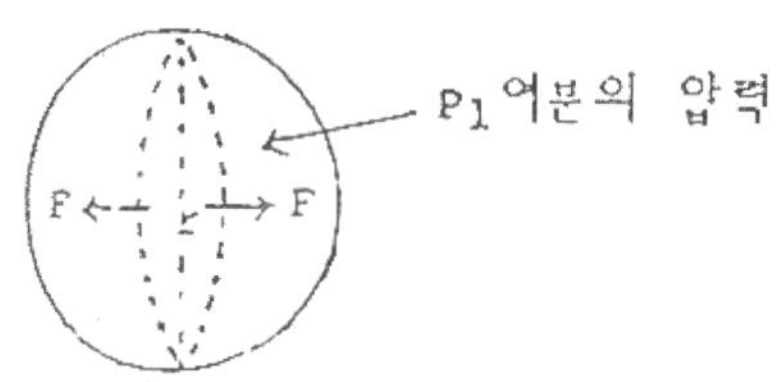

표면장력은 식 (3)의 Ramsay-Shield-Eotvos equation에서와 같이 온도가 증가함에 따라 감소한다. (분자의 운동에너지가 수축을 일으키는 힘을 능가해 주기 때문이다). 따라서 임계점에서나 임계점 근처에서는 잘 정의된 표면이 존재하지 못하게 되면 표면장력이 0으로 된다.

$$\gamma (Mv)^{2/3} = k(t_c - t - \sigma) \tag{3}$$

여기서

M : molecular weight [g/mol]
v : specific volume, the volume of 1 g [cm^3/g]
t : temperature [℃]
tc : critical temperature [℃]

k : an empirical constant, about 2.1 for nonassociated liquids [-]
σ : an empirical constant [-]

표면장력을 측정하는 방법에는 the capillary rise method, the ring method, the drop-weight method, the bubble-pressure method 등이 있다.

2-1. The Capillary Rise Method

모세관 오름방법은 〈그림 2〉에서 세 표면이 평형에 도달하기 위하여 수축하는 경향에 달려있다. 즉, 강하력은 $F_d = \pi R^2 h \rho g$이고, 상승력은 $F_u = 2\pi R \gamma \cos\theta$이며, 평형에서는 $F_d = F_u$이므로

$$\gamma = \frac{Rh\rho g}{2\cos\theta} \tag{4}$$

만약 θ가 매우 적으면 $\cos\theta \rightarrow 1$이므로

$$\gamma = \frac{1}{2} Rh\rho g \tag{5}$$

여기서

R : capillary radius [cm]
h : heigh of rise [cm]
ρ : liquid density [g/cm^3]
g : acceleration due to gravity [9.8 N/g]
θ : wetting angle [$^\circ$]

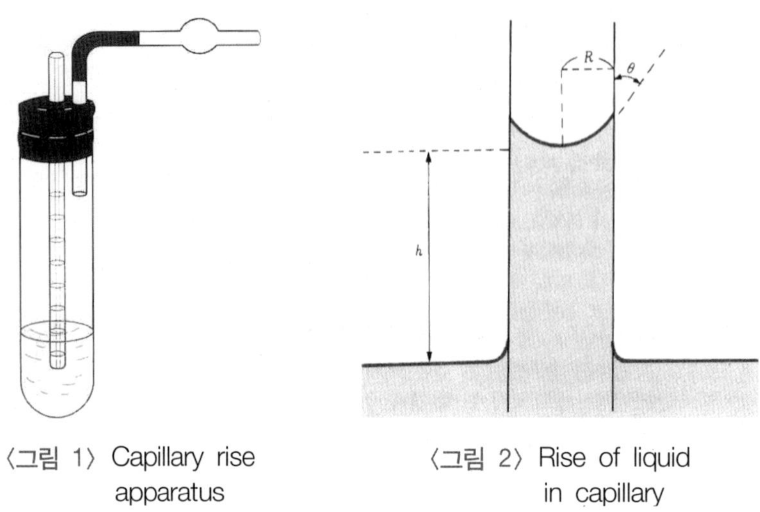

〈그림 1〉 Capillary rise apparatus

〈그림 2〉 Rise of liquid in capillary

2-2. The Ring Method (Tensionmeter Method)

Du Nouy 장력계(〈그림 3〉)는 표면팽창에 필요한 힘을 측정한다. 액체 속에 수평으로 잠길 평면고리를 비틀림 저울에 의해서 생기는 힘으로 표면을 거쳐서 끌어올린다. 표면장력은 가한 힘을 고리와 표면간의 접점 길이로서 나눈 것과 같다. 접촉길이는 고리의 두께와 지름에 달려있다. 하나의 근사로, 고리는 표면으로부터 떨어져 나오기 바로 전에 액체의 속이 빈 원기둥을 붙들고 있다고 볼 수 있다. 접촉이 고리의 내부와 외부 양쪽에 이루어지므로 접촉 주변은 $2 \times 2\pi$ r이 된다. 여기서 r은 고리의 반지름이다. 그러나 두꺼운 고리의 경우에는 고리의 내주변과 외부변이 같지 않다. 따라서 접촉주변은 $2\pi(r+r')$가 된다. 여기서 r과 r' 는 안 및 바깥 반지름이다. 고리가 찌그러지거나 평면으로부터 휘어있으면 가한 힘이 표면장력과 같지 않게 되며 측정이 쓸모없게 된다.

장력계는 순수한 약체의 경우에 빠르고 정확하다. 용액의 경우에는 그 결과의 정확성이 학생용으로서는 충분하지만 연구용으로서는 충분치 못하다. 상품에는 다이얼에서 dyne/cm를 직접 읽을 수 있도록 보정한 표준 치수의 백금-이리듐 고리가 장치되어 있다. 고리는 불꽃 속에서 빠르게 그리고 쉽게 깨끗이 할 수 있다. 기타 다른 방법에 의한 힘든 정화는 피하는 것이 좋다.

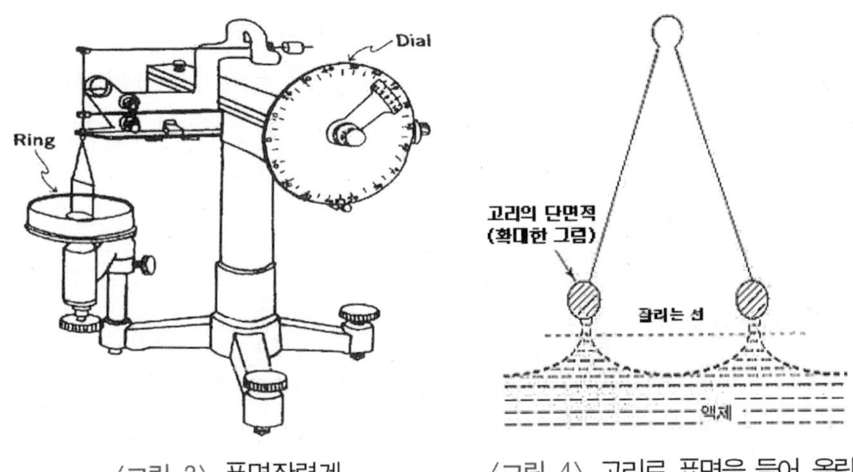

〈그림 3〉 표면장력계 〈그림 4〉 고리로 표면을 들어 올림

본 실험에서는 모세관(모세관 상승법)과 장력계(장력계법)를 이용하여 액체의 여러 조성과 온도에서 표면장력을 측정하여 이들의 관계를 이해하고자 한다.

3. 기구 및 시약

1) 기구 : capillary rise method assembly, surface tensionmeter(Fisher Mo. 21), aspirator, chemical balance, beaker, 샬레, 온도계 등

2) 시약 : 메탄올, 에탄올, 수은, 증류수

4. 실험방법

4-1. The Capillary Rise Method

가. 반지름 측정

1) 모세관 속에다 피하주사기나 피펫으로 수은을 빨아 넣는다.

2) 수은주의 길이를 측정한다.

3) 수은을 무게 다는 병에 넣고, 그 질량을 측정한다.
4) 〈그림 1〉의 장치에 증류수를 채우고, 압력입구를 불어서 모세관 속의 증류수 준위를 높여 그 높이를 측정하고, 역으로 식 (5)로부터 반경 r을 구한다.

나. 표면장력 측정

1) 〈그림 1〉과 같이 장치를 조립한다.
2) 시험관에 시료액체를 넣고, 모세관을 밀어 넣어 시료액체(메탄올, 에탄올 수용액 : 부피로 5, 10, 15, 20, 25, 30, 40, 50, 100 v/v%)안에 넣는다.
3) 압력 입구를 불어서 모세관 속의 액체준위를 올라가게 한다. 액주가 밑에서 2-3 cm가 올라가면 공기 보내는 것을 정지하고, 얼마동안 방치해 두었다가 액주가 내려서 안정될 때까지 기다려 그 높이를 모세관 눈금에서 구한다.
4) 계로부터 공기를 빨아내어 모세관 속의 준위를 낮게 하여라. 모세관의 액주가 내리면 공기 뽑아내기를 정지하고, 얼마동안 방치한 후 액주가 올라가서 안정될 때까지 기다려 그 높이를 모세관 눈금에서 구한다.
5) 이상의 과정을 여러 번(4 회 이상) 반복하여 액주 평균높이를 h라 한다.
6) 용액의 온도를 3-4회 변화시키면서 표면장력을 측정한다.

* **주의** : ① 모세관은 뜨거운 세척액으로 씻고, 증류수로 헹구며, 측정하고자 하는 액체로 헹군다.
② 포함된 액체가 물에 녹지 않으면 아세톤으로 씻는다.

4-2. The Ring Method (Tensionmeter Method)

1) 장력계를 수평으로 맞춘다.(앞, 뒤, 좌, 우의 나사를 돌려가면서 수포의 물방울이 가운데 원 안으로 들어오도록 한다)
2) 장력계 우측면의 조정나사를 가지고 고리가 달려있는 토오숀 지레를 수평위치에 맞춘다.

〈조작요령〉

a) 토오숀 지렛대를 위의 추가 아래로 내려가 있을 경우는 조정나사를 시계방향(자신의 안쪽에서 바깥쪽)으로 돌린다.

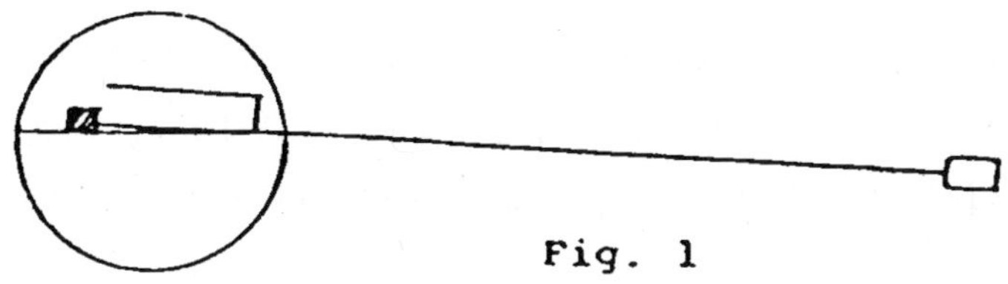

Fig. 1

b) 토오숀 지렛대 뒤의 추가 2)처럼 위로 올라가 있을 경우는 조정나사를 반시계방향(자신의 바깥쪽에서 안쪽)으로 돌린다.

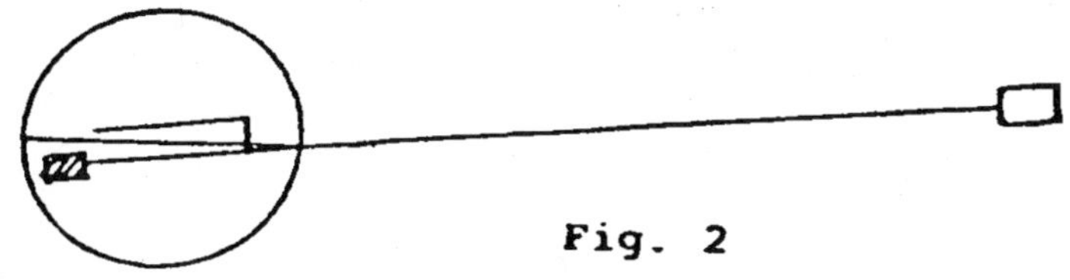

Fig. 2

3) 장력계의 눈금을 0에 맞춘다.(앞면의 조정나사를 돌려서 조정한다.)
4) 표면장력을 측정하고자 하는 액체 위에 고리를 접촉시킨다. 이때, 고리(링)를 액체위에 너무 깊이 혹은 살짝 올려놓지 말 것.
5) 전면의 스위치를 작동하여 고리에 힘을 가 한다.("ON" 하면 자동적으로 된다.)
6) 액체의 표면이 고리에 들려 올라오다 표면이 터지게 되는데 이때 정지된 지시계의 눈금을 읽어 표면장력을 측정한다.
7) 측정하고자 하는 메탄올, 에탄올(5, 10, 15, 20, 25, 30, 40, 50, 100 v/v%) 수용액과 NaOH(5, 10, 15, 20, 30, 40%) 수용액 각각 30 ml씩 준비한다.
8) 측정하고자 하는 메탄올, 에탄올, NaOH 10% 수용액을 상온, 30, 40, 50, 60, 70℃에서 측정한다.

5. 보고서 작성

1) 농도, 온도와 표면장력과의 관계를 그래프를 그리고 설명하시오.
2) 표면장력의 측정법을 조사하시오.
3) 계면장력(interfacial tension)이란 무엇인가?
4) 계면활성제(surface active agent)란 무엇이며, 그것의 종류와 용도를 조사하시오.
5) 실험을 할 때에는 <u>6. 데이터 처리</u> 쪽에 필기구로 작성하고, 보고서를 작성할 때에는 <u>6. 데이터 처리</u> 쪽을 잘라내어 보고서에 붙여 보고서를 제출한다.

절취선

6. 데이터 처리

6-1. The Capillary Rise Method

H_2O-MeOH system   Capillary radius :   cm   Meas. Temp. :   ℃

Sample conc.	H_2O	5	10	15	20	25	30	40	50	100
ρ										
h										
γ										

6-2. The Ring Method

1) 다이얼을 보정할 필요가 없을 때에는 마지막 다이얼 눈금이 바로 표면장력을 표시하지만 보정할 필요가 있을 때에는 다이얼 눈금에다 보정인자를 곱해 주어야 한다.
2) 보정과정에서 얻어진 보정인자는 mg/Rl과 같다. 여기서 m은 종이와 추의 질량이고, g는 중력가속도, l은 접촉 원주변이고, R은 종이, 추가 있을 때와 없을 때 눈금 차이이다.

H_2O - MeOH system   Meas. Temp. :   ℃

Sample conc.	H_2O	5	10	15	20	25	30	40	50	100
γ										

실험 11

굴절률 측정

1. 목 적

본 실험에서는 굴절률을 측정하는 방법을 습득하고, 농도와 굴절률과의 관계를 알아본다.

2. 이 론

빛은 전기장과 자기장으로 되어 있으며, 이들은 상호 직교하고, 또한 빛의 진행방향에 직교한다. 어느 매질에서나 빛의 장과 매질 분자에 수반된 장간의 작용이 있기 때문에 매질에서의 빛의 속도는 진공에서의 것보다 작다. 빛살이 밀도가 작은 매질로부터 큰 매질 쪽으로 지나가면 속도가 줄어든다. 그에 따라 빛의 방향이 바뀐다. 즉, 표면의 법선 방향에 더 가깝게 굴절한다.

〈그림 1〉에서 현의 굴절각 정현에 대한 비를 굴절률이라고 하며, 기호는 η이다.

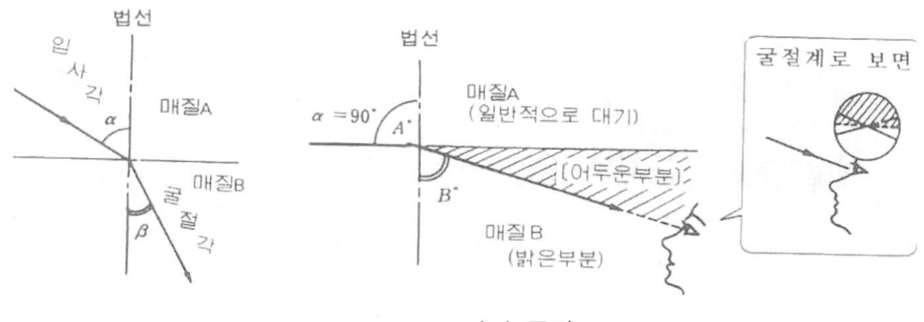

〈그림 1〉 빛의 굴절

〈그림 1〉에서 입사각을 α , 굴절각을 β 이라 하면

$$\frac{\sin\alpha}{\sin\beta} = \eta \tag{1}$$

로 된다. η 은 물질의 종류, 압력, 온도, 빛의 파장이 정해지면 일정한 정수로, 굴절률(index of refraction 또는 refraction index)이라 한다. 굴절률은 물질 특유의 정수로, 물질의 판정에 사용된다.

굴절률 측정에는 여러 가지 방법이 있으나 본 실험에서는 액체의 굴절률 측정에 널리 사용되고 있는 Abbe의 굴절계(Abbe's refractometer)에 의한 측정법을 설명한다. Abbe의 굴절계는 굴절률이 다른 두 상간에서의 전반사를 이용한 것으로, 그 외관 및 구조는 〈그림 2〉 및 〈그림 3〉과 같다.

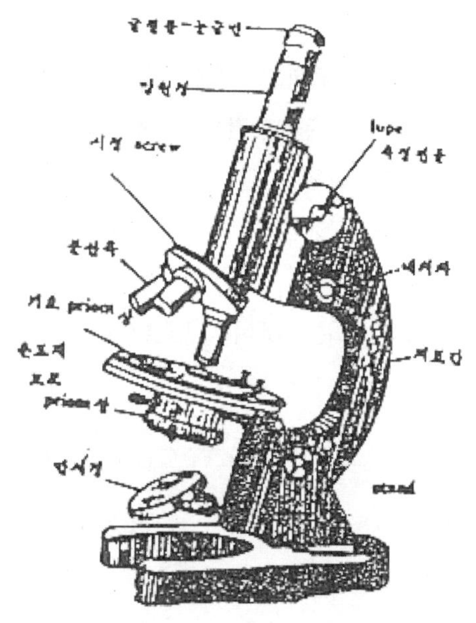

〈그림 2〉 Abbe 굴절계의 외관

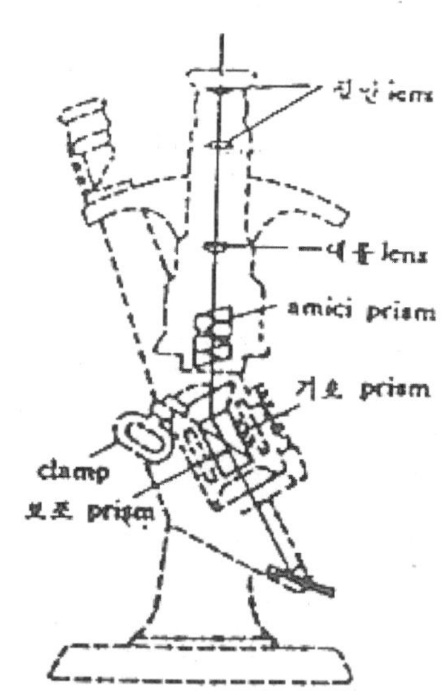

〈그림 3〉 Abbe 굴절계의 구조

Abbe 굴절계의 굴절률 범위는 1.3~1.7이므로, 이 범위의 투명 액체들 시료로 하는

것이 좋으며, 특히 중성용액의 농도측정에 유용하다.

3. 기구 및 시약

1) 기구 : refractometer, constant temperature bath, 스포이드, 비이커, 저울
2) 시약 : saccharose, methanol, 증류수

4. 실험방법

1) Saccharose와 증류수로 10, 20, 30, 40, 50, 60 wt% 수용액을 제조한다.
2) Collateral prism opening handle을 돌려 collateral prism을 연 후 main prism 위에 측정하고자 하는 시료를 유리봉으로 1~2방울 적하한다.
3) Collateral prism을 닫는다.
4) Illuminator를 "on"으로 한 후 망원경을 보면서 처음에는 크게 움직여서 빛이 입사되도록 반사경을 조절한다. 이때, prism을 보면 상·하에 두 개의 화면이 나타난다. 붉은 색이 있는 화면을 보면서 계기 오른쪽의 두 개의 dial로 명암의 경계가 시야의 교차선의 교점과 일치되었을 때 눈금을 읽는다.

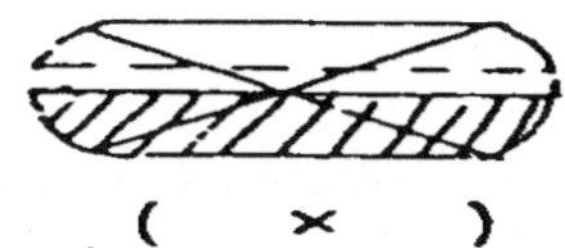
(×)

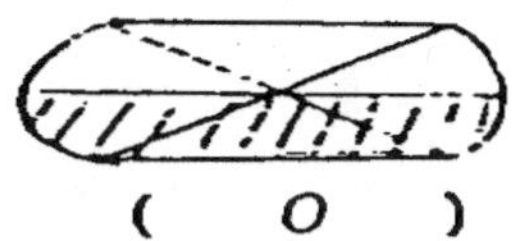
(O)

5) 두 개의 dial 중에서 큰 것을 가로선(굴절률)을 변화시키고, 작은 dial은 가로선의 선명도를 조절한다.
6) 같은 농도에 대하여 3회 이상 실험하여 평균값을 취하고, 매회 측정시마다 main prism을 clean dry lens tissue로 닦아낸다.
7) 각 농도에 대하여 같은 방법으로 굴절률을 측정한다.
8) 메탄올 수용액을 10, 30, 50, 70, 80, 100%로 준비하여 메탄올 수용액 각각에 대한 굴절률을 측정한다.

※ 메탄올의 농도와 굴절률의 관계는 나중에 증류실험시 농도판정의 기준이 되므로 잘 보관하여야 한다.

※ **주의사항** : 굴절계의 모든 부분은 깨끗하게 유지되어야 하며, 먼지 등이 묻지 않도록 하고, 노출된 표면은 알코올로 깨끗이 닦아야 한다. 특히, prism은 항상 닫아두고, 사용 시에만 열며, 한번 사용할 때마다 용매를 적신 솜이나 lens tissue로 닦아 주어야 하는데, 비누나 알칼리성 물질을 사용하지 말고, 긁거나 문지르지 않도록 조심하여야 한다.

5. 보고서 작성

1) Saccharose와 메탄올 수용액의 농도에 따른 굴절률을 plot 하시오.
2) Saccharose의 화학적 특성에 대하여 설명하시오.
3) Abbe 굴절계의 원리를 자세히 설명하시오.
4) 물질의 온도와 굴절율의 관계를 문헌값을 참고하여 조사하시오.
5) 농도와 굴절율과의 관계를 그림으로 그리고 설명하시오.
6) 실험을 할 때에는 **6. 데이터 처리** 쪽에 필기구로 작성하고, 보고서를 작성할 때에는 **6. 데이터 처리** 쪽을 잘라내어 보고서에 붙여 보고서를 제출한다.

6. 데이터 처리

Saccharose 수용액 농도(wt%)	0	10	20	40	50	60
굴 절 율						

절취선

실험 12

pH 측정

1. 목 적

본 실험의 목적은 산-염기 지시약과 유리전극 pH 미터로 수용액의 pH를 결정하는 실험을 통하여 지시약의 개념과 pH 미터의 원리를 알아보고, 미지 용액의 pH를 측정하여 본다.

2. 이 론

pH는 용액의 산성 또는 알칼리성의 정도를 나타내기 위해 몰농도로 나타낸 수소이온농도의 역대수 값이다.

$$pH = -\log[H_3O^+] \tag{1}$$

pH를 측정하는 방법에는 여러 가지가 있으나 산-염기 지시약이 수소이온 농도에 의하여 변색되는 것을 보고 pH를 결정하는 방법과 pH 미터를 이용한 전기적 측정법이 흔히 쓰인다. 산-염기 지시약은 산형과 그의 짝염기형이 다른 색깔을 나타내는 약한 산 혹은 약한 염기이며, 산형인 HInd와 염기형인 Ind^-의 농도는 지시약 해리상수와 관련된다.

$$HInd + H_2O \rightleftarrows H_3O^+ + Ind^- \tag{2}$$

$$K_{HInd} = \frac{[H_3O^+][Ind^-]}{[HInd]} \tag{3}$$

따라서 지시약의 색깔은 $[Ind^-]/[HInd] = [K_{HInd}]/H_3O^+]$로 결정되며, 용액의 수소이온농도가 크면 대부분의 지시약은 산형의 색깔을 나타내고, 수소이온 농도가 작으면 염기형의 색깔로 변하게 된다. 수소이온의 농도가 지시약의 해리상수와 같으면 산형과 염기형의 농도는 같아진다. 산형과 염기형 사이에서 지시약의 분자분포는 수소이온 농도에 달려있으므로, 지시약이 들어 있는 용액의 색깔도 수소이온에 따라 변하며, 색깔의 변화를 일으키는 pH 범위도 지시약에 따라 다르다. 따라서 몇 가지의 지시약을 써서 색깔을 비교함으로써 대략적인 pH값을 알아낼 수 있다. 〈표 1〉에 여러 가지 지시약의 변색범위가 나와 있다.

〈표 1〉 지시약의 변색범위

지시약	변색범위(pH)
Thymol blue	1.2~2.8
Bromophenol blue	3.0~4.6
Methyl orange	4.2~4.4
Bromocresol	3.8~5.4
Methyl red	4.4~6.2
Bromocresol purple	5.2~6.8
Bromothymol blue	5.2~6.8
Phenol red	6.8~8.2
Cresol red	7.2~8.8
Phenolphthalein	8.3~10.0
Thymolphthalein	9.4~10.6
Alixarin yellow R	10.0~12.0
Indigo carmine	11.4~13.0

pH 미터는 전극을 사용하는 전기적 pH 측정장치로, pH 전역에 걸쳐서 측정할 수 있으며, 산화성 및 환원성의 물질이나 비수용액 뿐만 아니라 착색된 용액의 pH도 측정할 수 있다. pH 미터에 의한 전기적 측정법은 용액 속에 담근 지시전극(indicator electrode)과 기준전극(reference electrode) 사이의 전위차 측정에 의하여 pH를 결정하는 방법이다. 지시전극의 특징은 용액의 pH 변화에 비례하여 전위가 변한다는 점인데, 이에는 수소전극, 퀸히드론전극, 안티몬전극, 유리전극 등이 있으나 일반적인 측정에는 유리전극이 많이 쓰인다. 표준이 되는 기준전극은 수소전극(hydrogen electrode)이지만 사용하기가 불편하므로, 유리전극의 내부전극과 같은 종류, 같은 조성을 가진 포화 칼로멜 전극(saturated calomel electrode)이 쓰이는데, 이것은 용액의 pH에 관계없이 일정한 전극전위를 나타내는 특징이 있다.

표준 수소전극의 기전력(electromotive force)을 Nernst 방정식으로부터 계산하면 25℃에서

$$E = 0.0591 \log \frac{1}{[H_3O^+]} \tag{4}$$

이다. 이 식을 pH에 대하여 다시 쓰면

$$pH = \log \frac{1}{[H_3O^+]} = \frac{E}{0.0591} \tag{5}$$

수소전극을 기준전극에 연결하면 pH는 다음 식으로 주어진다.

$$pH = (E - E_0)/0.0591 \tag{6}$$

(칼로멜 전극일 때는 E_0 = 0.0336V)

현재 시판되고 있는 pH 미터는 지시 눈금이 pH 단위로 표시되어 있으므로, 용액의 pH 미터로 직접 읽을 수 있다.

3. 기구 및 시약

1) 기구 : pH 미터, pH 시험지, 온도계, 100 ml 비커 5개, 시험관 7개, 50 ml 눈금실린더, 씻기병, 항온조
2) 시약 : 0.1M HCl, 지시약, pH 4.0, 4.5, 5.0, 5.5, 6.0, 6.5, 7.0 및 8.0인 완충용액, 미지용액

4. 실험방법

4-1. pH에 따른 지시약 색

1) 50 ml 정도의 0.1M HCl 용액을 준비한다.
2) 0.1M HCl 용액을 묽혀 0.01M과 0.001M의 용액을 만든다. 이때, 물은 갓 끓여 식힌 증류수를 사용하여라.
3) 하이드로늄 이온이 10^{-4}, 10^{-5}, 10^{-6}, 10^{-7}, 10^{-8}M인 용액은 미리 준비한 완충용액을 사용한다.
4) 7개의 시험관에 0.01M HCl 용액을 5 ml씩 넣는다.
5) 실험보고서에 나와 있는 thymol blue에서 phenolphthalein까지의 7가지 지시약을 1방울씩 시험관에 가한다. 나타난 용액의 색깔을 실험보고서에 기록하여라.
6) 이 용액을 버리고, 0.001M HCl 용액을 5 ml 시험관에 넣은 다음 7가지 지시약을 각각 가하여라. 이와 같이 8가지 하이드로늄 이온농도에 대한 지시약의 색깔을 모두 알아보고, 보고서의 빈칸에 써 넣어라.

4-2. 미지의 산 용액의 pH 결정

1) pH를 모르는 용액을 실험지도 선생님으로부터 받아 다음과 같은 요령으로 지시약의 색깔을 비교하여 pH를 결정하여라. 보고서에 나와 있는 여섯 가지 지시약을 1방울씩 5 ml의 미지용액을 가하고, 나타난 색을 보고서에 기록한 다음 pH를 추정해 보아라.

2) 만일 pH가 2±0.5로 추정된다면 0.1M HCl 용액을 묽혀 pH 1.5, 2.0, 2.5의 용액을 만든다. pH 2가 변색범위에 드는 2~3가지 지시약을 가하고, 색을 비교해 본다. 이와 같이 해서 가능한 정확히 pH를 추정하여라.
3) 만일 pH가 대략 5로 추정된다면 pH 4.5, 5.0, 5.5의 완충용액을 사용하여 색을 비교하여라.
4) pH 시험지에 한 방울을 떨어뜨리거나, 용액 속에 시험지의 끝을 담그고, 변색한 색깔의 중앙부의 색깔과 표준 변색표의 색깔을 비교하여 pH를 다시 확인해 보아라.

4-3. pH 미터에 의한 미지의 산 용액의 pH 결정

현재 시판되고 있는 pH 미터에는 여러 종류가 있으므로, 각 장치의 매뉴얼에 따르게 되나 흔히 사용되는 유리전극 pH 미터의 일반적인 사용법은 다음과 같다.

1) 동력스위치(power switch)를 켜서 10분 이상 예열한다.
2) pH 미터의 유리전극은 측정 5시간 전에 증류수에 담가두어 활성화 시킨다.
3) 전극을 씻기병 안에 들어있는 증류수로 씻은 다음 흡수성 종이로 가볍게 대어 물기를 제거한다.(이때, 종이로 전극을 문지르지 않도록 조심한다).
4) 측정하려고 하는 용액의 pH에 가까운 pH 값을 지닌 완충용액 30 ml을 50 ml 들이 비커에 전극과 함께 담고 temperature compensator로 완충용액의 온도와 일치시켜야 한다.
5) function switch를 측정으로 한다.
6) pH 미터가 읽은 값이 완충용액의 pH와 일치하도록 조절한다.
7) 전극을 앞에서 설명한 방법으로 증류수로 씻은 후 흡수성 종이로 물기를 제거한다.
8) pH 보정은 적어도 2가지 이상의 pH가 다른 완충용액을 사용한다.
   (ex) pH 4.0, 7.0, 10.0 그리고 위와 같은 방법으로 pH 미터를 보정한다.(정확한 결과를 얻기 위해서는 시험용액과 표준 완충용액의 온도차이가 2~3℃보다 작아야 한다.)
9) 전극을 시료용액에 담가 pH 값을 읽는다.(이때, 지시값이 안정하게 될 때까지 기다린다)

10) 마지막 측정을 마친 후 전극을 씻고, 증류수에 담가둔다.(장기간 사용하지 않을 때는 전극에 마개를 끼워둔다.)

11) 3번 측정한 값이 ±0.1이내의 범위에서 일치되도록 한 다음 그 값을 평균하여 미지용액의 pH를 결정한다.

5. 보고서 작성

1) 수돗물과 증류수의 pH값은 얼마인가?
2) 토양의 pH 측정방법을 간단히 조사하시오.
3) 약한 산 용액의 pH 값으로 이온화 상수(해리상수)를 구할 수 있다. 이온화 상수를 구하는 방법을 조사하시오.
4) 실험을 할 때에는 **6. 데이터 처리** 쪽에 필기구로 작성하고, 보고서를 작성할 때에는 **6. 데이터 처리** 쪽을 잘라내어 보고서에 붙여 보고서를 제출한다.

6. 데이터 처리

6-1. pH에 따른 지시약 색변화

지시약	0.01 HCl	0.001M HCl
Thymol blue		
Bromophenol blue		
Methyl orange		
Bomocresol		
Methyl red		
Bromocresol purple		
Bromothymol blue		
Phenol red		
Cresol red		
Phenolphthalein		
Thymolphthalein		
Alixarin yellow R		
Indigo carmine		

절
취
선

6-2. 미지의 산 용액의 pH 결정

구 분	지시약법	pH 시험지
변 화		
pH 결정		

6-3. pH 미터에 의한 미지의 산 용액의 pH 결정

측정 횟수	pH 값
1	
2	
3	
평균	

실험 13

얇은 막 크래마토그래피

1. 목적

얇은 층 크로마토그래피에 의한 색소의 분리를 통하여 크로마토그래피의 종류와 원리의 개념을 이해한다.

2. 이론

(1) 극성

(2) 크로마토그래피

① 흡착 크로마토그래피

② 겔투과 크로마토그래피

③ 이온 교환 크로마토그래피

④ 분배 크로마토그래피

(3) 얇은 막 크로마토그래피(TLC, thin layer chromatography)

(4) R_f 값 (Rate of flow index)

3. 시약 및 기구

(1) 시약(Reagent)

- 전개제(n-butanol : acetic acid : H_2O = 부피비 60:15:25 혼합 용액)
- n-butanol :
- Acetic acid :
- 적색 40호 : $C_{18}H_{14}O_8N_2S_2Na_2$, 모노아조계 색소로 물에 잘 녹고 알코올에는 녹지 않는다.
- 황색 5호 : $C_{16}H_{90}O_7N_2S_2Na_2$, 모노아조계 색소로 알칼리에서 붉은색을 나타내고 흡습성이 있다.
- 청색 1호 : $C_{37}H_{31}O_9N_2S_3Na_2$, 트리페닐메탄 색소로 물에 잘 녹으나 에테르나 유지에는 녹지 않는다.

(2) 기구(Apparatus)

- 비커 :
- 메스실린더 :
- 핀셋 :
- 거름종이 :
- 시계접시 :
- TLC판 :
- 모세관 :

4. 실험방법

① 거름종이를 250mL 비커의 바닥과 옆면에 붙여주고 10 mL의 전개제를 분취하여 넣어준다.

② 적색 40호, 황색 5호, 청색 1호의 묽은 혼합용액 각각과 4가지의 미지시료를 모세관에 묻혀서 6×4cm TLC판의 바닥에서 1cm 위치에 적당한 간격으로 일렬로

찍어서 반점을 만들고 말린다.

③ TLC판을 핀셋을 이용하여 전개제가 담긴 비커에 넣어서 전개를 시작한다. (시료의 반점이 전개제에 잠기지 않도록 TLC판을 수직으로 세우고, 시계접시를 덮어서 전개제가 증발하지 않도록 한다.)

④ 전개제가 TLC판의 위쪽 끝에서 1cm 정도 떨어진 곳까지 도달하면 TLC판을 꺼내서 말린 다음 R_f값을 측정한다. 순수한 색소의 R_f 값과 미지 시료의 경우에 생긴 반점들의 R_f값을 비교해서 미지시료에 들어있는 색소의 종류를 알아낸다.

⑤ 위의 실험을 4×4cm TLC를 이용하여 반복하여 본다.

5. 주의사항

(1) 전개제는 잘 혼합한 상태로 실험한다.

(2) TLC 판을 비커에 수직으로 세운다.

(3) TLC의 시료점이 전개제에 잠기지 않도록 한다.

(4) TLC 전개액의 기체를 비커 chamber안에 가득 채우기 위해 뚜껑(시계접시)을 잘 덮어야 한다.

(5) 전개제는 증발하므로 환기에 유의한다.

6. 데이터처리

6×4cm TLC판

용매 이동거리 (D_2) :_______cm

적색40호(D_1) :_______cm 황색5호(D_1) :_______cm 청색1호(D_1) :_______cm

$$R_f = D_1/D_2$$

<table>
<tr><th></th><th>적색 40호</th><th>황색 5호</th><th>청색 1호</th><th>미지시료1</th><th>미지시료2</th><th>미지시료3</th><th>미지시료4</th></tr>
<tr><td rowspan="6">R_f</td><td rowspan="6"></td><td rowspan="6"></td><td rowspan="6"></td><td rowspan="3"></td><td rowspan="3"></td><td rowspan="3"></td><td rowspan="2"></td></tr>
<tr></tr>
<tr><td rowspan="2"></td></tr>
<tr><td rowspan="3"></td><td rowspan="3"></td><td rowspan="3"></td></tr>
<tr><td rowspan="2"></td></tr>
<tr></tr>
</table>

미지시료1 :

미지시료2 :

미지시료3 :

미지시료4 :

절
취
선

4×4cm TLC판

용매 이동거리 (D_2) :________cm

적색40호(D_1) :_______cm 황색5호(D_1) :_______cm 청색1호(D_1) :________cm

<table>
<tr><th></th><th>적색 40호</th><th>황색 5호</th><th>청색 1호</th><th>미지시료1</th><th>미지시료2</th><th>미지시료3</th><th>미지시료4</th></tr>
<tr><td rowspan="6">R_f</td><td rowspan="6"></td><td rowspan="6"></td><td rowspan="6"></td><td rowspan="3"></td><td rowspan="3"></td><td rowspan="3"></td><td rowspan="2"></td></tr>
<tr></tr>
<tr><td rowspan="2"></td></tr>
<tr><td rowspan="3"></td><td rowspan="3"></td><td rowspan="3"></td></tr>
<tr><td rowspan="2"></td></tr>
<tr></tr>
</table>

미지시료1 :

미지시료2 :

미지시료3 :

미지시료4 :

실험 14

기체 크래마토그래피

1. 목적

정지상과 이동상의 개념을 통한 탄화수소 화합물들의 분리를 통하여 기체 크로마토그래피 정성 분석을 이해한다.

2. 시약 및 기구

(1) 시약 : 벤젠, 노르말-헥세인, 톨루엔, 혼합용액 미지시료, 질소기체

(2) 기구 : 기체 크로마토그래피, 마이크로 주사기, 바이알

3. 이론

(1) 정성 분석과 정량 분석

(2) 크로마토그래피의 분류

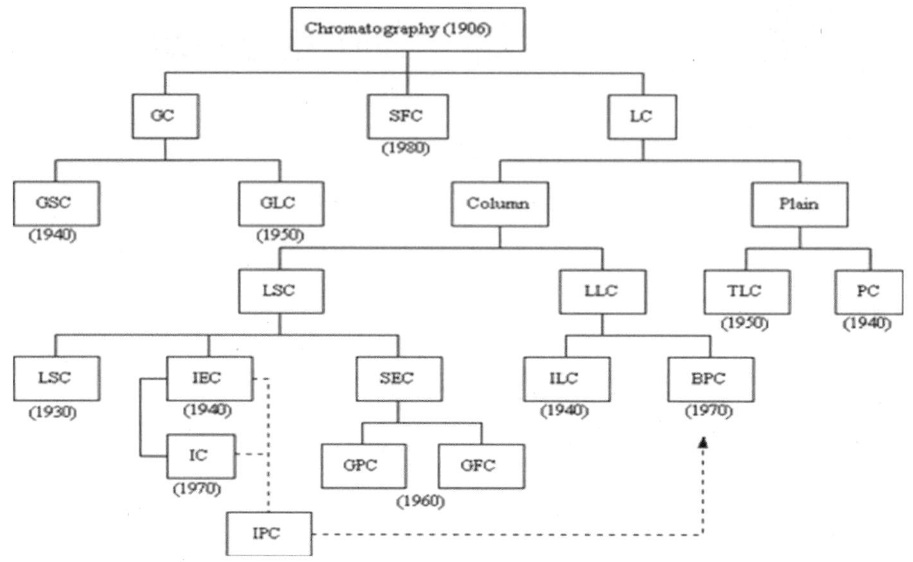

(3) 기체 크로마토그래피

4. 실험방법

① 세 종류의 시료와 혼합용액, 총 네 가지의 시료를 바이알에 분취하여 준비한다.

② 컴퓨터와 기체 크로마토그래피 기기를 가동시키고 기기는 예열하여 준비한다.

③ 운반 기체의 밸브를 열어 기체를 공급시킨 후, 소프트웨어를 가동시킨다.

④ 온도 범위를 설정한 후 RUN READY 상태로 대기한다.

⑤ 벤젠을 마이크로 주사기로 분취하여 INJECTER 부분에 꽂아넣고 시료를 주입한다.

⑥ RUN 상태로 시료가 분리되어 검출기에서 검출되어 소프트웨어 상의 크로마토그램에서 PEAK의 형태로 나타나는 것을 관찰하고 RETENTION TIME을 기록한다.

⑦ 나머지 노르말-헥세인, 톨루엔, 혼합용액 미지시료의 순서대로 ⑤~⑥의 과정을 반복한다.

⑧ 미지시료 상의 성분을 크로마토그램 상의 RETENTION TIME을 통해 해석한다.

5. 주의사항

(1) 기체 크로마토그래피는 온도에 의해 매우 많은 영향을 받으므로 측정 시, 기기에 충격이 가해지거나 DOOR를 절대로 열지 않도록 한다.

(2) 마이크로 주사기는 미세한 기구 이므로 함부로 다루지 않도록 하며, 사용 시에는 여러 차례 사용할 용매로 세척하여 준다.

6. 실험결과

(1) 실험기기조사

제조회사: __________ 모 델 명: __________

주입온도: __________ 컬럼온도: __________

(2) 크로마토그램 관찰결과

	벤젠	노르말-헥세인	톨루엔	혼합용액 미지시료
Rt				

절 취 선

실험 15

아보가드로수의 결정

1. 목적

물 표면에 퍼지면서 단층막을 형성하는 스테아르산의 성질을 이용하여 몰(mole)을 정의하는데 필요한 아보가드로수를 결정한다.

2. 시약 및 기구

(1) 시약 : 증류수, 노르말-헥세인, 스테아르산, 송화가루

(2) 기구 : 시계접시 (직경 9~7 cm), 눈금 실린더 (10 mL), Pasteur pipet, 약수저, 약포지, 자, 비이커 (250 mL 1개, 100 mL 2개)

3. 이론

(1) 아보가드로수 (Avogadro's number, NA)

(2) 몰 (Mole)

(3) 극성과 비극성

① 극성 (Polar)

② 비극성 (Nonpolar)

③ 물 분자 (H_2O)의 극성 구조

④ 스테아르산 (Stearic acid)의 구조

(4) 아보가드로수의 결정방법

4. 실험방법

[실험 A. Pasteur pipet 보정]

① 0.02 g의 스테아르산을 헥세인 100 mL에 녹인 용액을 만든다.

② 스테아르산 용액으로 여러 차례 헹군 pasteur pipet에 스테아르산 용액을 충분히 채운다.

③ Pasteur pipet을 수직으로 세워 눈금실린더에 스테아르산 용액을 반쯤 채운 상태에서 눈금을 읽고, 스테아르산 용액을 한 방울씩 떨어뜨려 1.00 mL를 채우면서 떨어지는 방울수를 센다.
(예: 5.00 mL -> 6.00 mL, pasteur pipet을 기울이면 방울의 부피가 달라지기 때문에 항시 수직상태로 조작한다.)

④ 이 과정을 2회 반복하여 하여 평균을 구한다.

[실험 B. 스테아르산 단막층의 표면적 측정]

① 깨끗한 시계접시의 가장자리까지 증류수를 붓는다.
(증류수를 가득 부으면 표면장력에 의해 가운데 부분이 동그랗게 올라오는데, 휴지를 증류수의 가운데 부분에 담가 휴지에 증류수가 스며들게 하는 방법으로 증류수 표면이 수평이 되게 한다.)

② 작은 약수저로 송화가루를 조금 떠서 시계접시의 가운데 부분에 조심스럽게 뿌려 준다.
(약수저의 막대부분을 손가락으로 가볍게 톡톡 두드려서 가루가 뭉치지 않고 원형으로 펴질 수 있도록 해준다. 이 때, 송화가루가 시계접시의 벽에 닿지 않게 해야 한다.)

③ 스테아르산 용액을 pasteur pipet에 넣어서 한 방울을 송화 가루가 퍼져 있는 시계접시위에 떨어뜨린다. 스테아르산이 퍼지면서 생기는 원형 기름막의 경계면을 쉽게 구별된다.

④ 원형으로 퍼진 단분자층의 직경을 측정한다. 원형이 아닌 경우에는 대각선 방향의 길이를 여러 번 측정해서 평균값을 얻는다.

⑤ 이 과정을 3회 반복하여 평균을 구한다.

5. 주의 사항

① 시계접시의 증류수 표면이 편평해야한다.

② 스테아르산 단층막이 형성될 때 진동이나 바람(숨결)의 영향이 없어야 한다,

③ Pasteur pipet을 반드시 수직으로 사용해야 하며, 이것을 이용해 방울을 떨어뜨릴 때 pipet 안으로 공기가 들어가지 않도록 주의해야 한다.

④ 송화가루를 시계접시의 가장자리에 닿지 않으며 뭉치지 않고 얇게 퍼질 수 있도록 약수저로 조심히 떨어뜨려야 한다. 또한 송화가루의 양이 너무 많지 않도록 작은 약수저 부분으로 소량만 취한다.

절
취
선

6. 실험결과(Data & Result)

A. Pasteur pipet 보정

	1회	2회
방울 수		
평균 방울 수		

B. 단층막을 형성한 스테아르산의 단면적

	1회	2회	3회
물 표면을 덮은 스테아르산의 직경 D_s (cm)			
물 표면을 덮은 스테아르산의 단면적 A_s (cm^2)			
평균 스테아르산의 단면적 A_s (cm^2)			

- $A_s = \pi \ (D_s / 2)^2$

C. 단층막을 형성한 스테아르산의 두께

스테아르산/헥산 용액 한 방울의 부피 $V_{solution}$ (cm^3)	
한 방울 속에 있는 스테아르산의 질량 m_s (g)	
한 방울 속에 있는 스테아르산의 부피 V_s (cm^3)	
스테아르산의 단층막의 두께 T_s (cm)	

- 스테아르산의 밀도 d_s = 0.94 g/cm^3
- $V_{solution}$ = 1 cm^3 / 방울 수
- $m_s = V_{solution}$ × 스테아르산의 농도 (g/cm^3)
- $V_s = m_s / d_s$
- $T_s = V_s / A_s$

D. 탄소 원자 하나의 부피

탄소원자의 직경 D_{carbon} (cm)	
탄소원자 하나가 차지하는 부피 V_{carbon} (cm^3)	

- 스테아르산의 사슬구조상 탄소 수 = 18 개
- D_{carbon} = T_s / 스테아르산의 탄소 수
- V_{carbon} = $(D_{carbon})^3$

E. 아보가드로수의 결정

다이아몬드의 탄소원자 1몰의 부피 (cm^3/mol)	
아보가드로수 (mol^{-1})	

- 탄소원자 1몰의 질량: 12.0 g/mol
- 다이아몬드의 밀도: 3.51 g/cm^3
- 다이아몬드의 탄소원자 1몰의 부피 = 탄소원자 1몰의 질량 / 다이아몬드 밀도
- 아보가드로수 = 탄소 1몰의 부피 / V_{carbon}

절취선

실험 16

기체상수의 결정

1. 실험목적

대부분의 기체가 온도가 충분히 높고, 압력이 충분히 낮은 상태에서는 이상기체 상태방정식(PV=nRT)을 잘 만족시킨다는 사실을 이용하여 일정한 양의 산소 기체를 발생시켜, 기체의 상태를 기술하는데 필요한 기본 상수인 기체 상수의 값을 계산하여 본다.

2. 시약 및 기구

(1) 시약 : 염소산칼륨, 이산화망간

염소산칼륨($KClO_3$) : M.W: 122.55 g/mol, m.p : 356 ℃, b.p: 400 ℃, d: 2.34 g/cm^3 광택이 있는 무색 결정

이산화망간(MnO_2) : M.W: 86.94 g/mol, m.p: 535 ℃, d: 5.026 g/cm^3 검은색 고체분말

(2) 기구 : 500 mL 삼각플라스크, 500 mL 비커, 100 mL 눈금실린더, 알코올램프, 클램프, 시험관, 고무관, 핀치클램프, 고무마개, 유리관, 기체발생장치, 온도계

3. 이론

3-1. 이상기체

1. 분자간 상호작용(인력, 반발력)이 없다.
2. 분자 자체의 부피는 없다.
3. 보일, 샤를의 법칙이 완전히 적용된다.
4. 모든 분자의 운동은 무작위적이다.

3-2. 기체법칙

a. 아보가드로의 법칙 (Avogadro' law)

- 일정한 온도와 압력에서 부피는 기체의 몰수에 직접적으로 비례한다.

$V = k_1 \times n$

$V/n = k_1$ (일정한 T, P)

$V_{초기}/\ n_{초기} = V_{최종}/\ n_{최종}$

여기서, V=기체부피(L), n=기체의 몰수 (mol), k_1=상수

b. 보일의 법칙(Boyle's law)

- 일정한 온도에서 일정한 양의 기체의 부피는 압력에 반비례한다.

$V = k_2 \times 1/P$

$PV = k_2$ (일정한 n, T)

$P_{초기}V_{초기} = P_{최종}V_{최종}$

c. 샤를의 법칙(Charles' law)

- 일정한 압력과 동일한 몰수에서 기체의 부피의 부피가 온도에 직접적으로 비례.

$V = k_3 \times T$

$V/T = k_3$

$V_{초기} / T_{초기} = V_{최종} / T_{최종}$

여기서, T=기체 절대온도(K), V=기체 부피(L), k_3=상수

d. 보일-샤를의 법칙(Boyle-Charles' law)

- 기체 일정량의 부피(V)는 압력(P)에 반비례하고 절대온도(T)에 비례한다.

$PV/T = k$

따라서, $PV = nRT$

3-3. 이상기체 상태방정식

1. 부피는 몰(n)에 비례한다. 아보가드로법칙: $V = k_1 n$ (P,T 일정)
2. 부피는 절대온도(T)에 비례한다. 샤를의 법칙: $V = k_2 T$ (n,P 일정)
3. 부피는 압력(P)에 반비례한다. 보일의 법칙: $V = k_3/P$ (n,T 일정)

3-4. Dalton의 부분 압력 법칙

- 기체 혼합물의 전체 압력은 기체가 홀로 존재할 때 각각 작용하는 압력의 합과 같다.

$P_{전체} = P_1 + P_2 + \cdots + P_n$

여기서, P_1 = 기체 1에 의한 부분압력, P_2 = 기체 2에 의한 부분압력,
P_n = 기체 n에 의한 부분압력

4. 실험방법

① 기체 발생 장치를 설치한다. 마개와 유리관의 연결 부분으로 기체가 나가지 않도록 조심한다. 500 mL 비커에 넣는 유리관과 고무관으로 연결되어 있는 유리관은 500 mL 삼각 플라스크의 바닥에 닿을 정도로 충분히 길어야 한다.

② 0.5 g의 염소산칼륨과 0.05 g의 이산화망간을 시험관에 넣고, 서로 잘 섞어준 후, 시험관과 시료의 무게를 측정 한다.

③ 500 mL 삼각 플라스크에 물을 가득 채우고 시험관으로 연결된 유리관에서 입김을 불어넣어 비커 쪽으로 연결된 유리관에 물이 채워지게 만든 다음에 핀치클램프로 비커 쪽의 고무관을 막아두고, 다시 500 mL 삼각 플라스크에 물을 가득 채운다. (다시 삼각 플라스크에 물을 채울 때, 삼각플라스크의 고무마개를 조금만 열어야 한다. 너무 높게 열면 고무관의 물이 새어나오므로 오차의 원인이 된다)

④ 비커의 물을 버린 다음에 제 위치에 다시 놓는다.

⑤ 시험관을 거의 수평이 되도록 고정시킨다. 시료가 시험관의 벽을 따라 넓게 퍼지도록 해야 하지만 시료가 고무마개에 닿아서는 안 된다.

⑥ 알코올램프를 사용해서 시험관 전체를 서서히 가열하고 동시에 핀치클램프를 열어 둔다. 산소가 발생하면서 삼각 플라스크안의 물이 비커로 밀려나오게 된다. 산소 기체가 너무 급격하게 발생하지 않도록 시험관을 서서히 가열해야 한다.

⑦ 비커로 밀려 나온 물의 양이 170~200 mL가 되면 가열하는 것을 멈추고 시험관이 식을 때까지 기다린다.

⑧ 비커의 높이를 조절해서 비커와 삼각 플라스크 안에 담긴 물의 수면 높이를 같도록 하고, 비커 쪽의 고무관을 핀치클램프로 막는다. (수집병 내부압과 외부압이 같아지도록 한다.)

⑨ 눈금실린더를 사용해서 비커 안의 물의 양을 측정하고, 시험관의 무게를 측정한다.

⑩ 대기압을 기록하고, 삼각플라스크 안의 물의 온도를 측정한다.

※ 반응식

$$2KClO_3\,(s) \xrightarrow[\triangle]{MnO_2} 2KCl\,(s) + 3O_2\,(g)$$

5. 실험결과

가열 전 시료를 넣은 시험관의 무게 (g)	A g
가열 후 시료를 넣은 시험관의 무게 (g)	B g
발생한 기체(O_2)의 무게 (g)	A g - B g = C g
발생한 기체(O_2)의 몰수 (n)	C g / O2분자량(32 g/mol) = D mol
기체(O_2)에 의해 밀려난 물의 부피 (L)	E L
대기압 (mmHg)	F mmHg
물의 증기압 (mmHg)	G mmHg
O_2의 부분 압력 (atm)	(F - G) mmHg * 1 atm / 760 mmHg = H atm
물의 온도 (K)	I K
기체 상수R (L·atm/mol·k)	EH/DI = J (L·atm/mol·K)
오차율 (%)	([0.0821 - J] / 0.0821) * 100 = K%

절취선

- 발생한 기체(O_2)의 무게 (g)
  = 가열 전 시료를 넣은 시험관의 무게 (g) - 가열 후 시료를 넣은 시험관의 무게 (g)
- 발생한 기체(O_2)의 몰수 (n) = 발생한 기체(O_2)의 무게 (g) / O_2분자량 (32 g/mol)
- 대기압 = 1 atm = 760 mmHg
- 물의 증기압 = 도표참조
- O_2의 부분 압력 (atm) = 대기압 - 물의 증기압
  삼각 플라스크 안의 부분압력으로 대기압에서 수증기의 부분압력을 보정 한 값이다.
- 기체상수 R (L · atm / mol · K) = PV/nT
- 오차율 (%) = (이론값 - 실험값) / 이론값 × 100
- 이론값 : 본래 기체상수 0.0821 L · atm/mol · K
- 실험값 : 실험을 통해 구한 기체상수

실험 17

몰질량의 결정

1. 실험목적

이상기체 상태 방정식을 이용하여 쉽게 증발하는 기체의 몰질량을 결정한다.

2. 시약 및 기구

에탄올(C_2H_5OH), 100mL 둥근 플라스크, 500mL 비커, 5mL 눈금 피펫, 100mL 눈금실린더, 바늘, 온도계, 클램프, 알루미늄 호일, 핫플레이트

3. 이론

(1) 몰질량

(2) 기화

(3) 증기압

(4) 아보가드로의 법칙 (Avogadro's law)

$V \propto n$, $V=kn$ (V=기체부피(L), k=기체상수, n=기체의 몰수(mol))

(5) 이상기체 방정식의 변형

$PV=nRT$ (P=기체의 압력, V=기체의 부피, n=기체의 몰수, R=기체상수, T=온도)

↓ n=w/Molar mass (n=기체의 몰수(mol), w=시료의 무게(g), Molar mass=몰질량(g/mol))

$$PV = \frac{wRT}{Molar mass}$$

$$Molar mass = \frac{wRT}{PV}$$

4. 실험과정

① 500 mL 비커에 물을 절반 정도 채우고 가열한다.

② 깨끗하게 씻어서 말린 100 mL 둥근 플라스크에 알루미늄 호일로 뚜껑을 만들어 씌우고, 바늘로 작은 구멍 하나를 뚫는다. 구멍의 크기는 작을수록 좋다.

③ 뚜껑을 덮은 플라스크의 무게를 정밀저울을 사용해서 정확하게 측정한다.

④ ①번 과정에서 가열하기 시작한 물이 끓으면 플라스크에 약 3 mL의 에탄올 시료를 넣고 뚜껑을 다시 막고 스탠드에 고정시킨다.

⑤ 플라스크를 비커의 바닥에 닿지 않을 정도로 물 속에 깊이 넣는다.

⑥ 플라스크 속의 액체가 모두 기화될 때까지 기다린다. 플라스크를 비커에서 꺼내면 안된다.

⑦ 플라스크의 액체가 모두 기화하면 잠시 기다린 후(5 분 정도 더 방치)에 플라스크를 물에서 꺼내 식힌다. 플라스크는 매우 뜨거우므로 손으로 만지지 않는다.

⑧ 5분 기다리는 동안 물의 온도를 측정한다.

⑨ 꺼낸 플라스크를 찬물로 식힌 후 플라스크 바깥에 묻은 물을 휴지를 사용해서 완전히 닦아낸다.

⑩ 완전히 식은 플라스크와 뚜껑의 무게를 다시 측정한다.

⑪ 플라스크를 깨끗하게 씻은 후에 증류수를 가득 채우고, 눈금실린더를 사용해서 증류수의 부피를 측정하고 이 값을 이용해서 몰질량을 계산한다.

5. 주의사항

(1) 알루미늄 호일로 뚜껑을 만들 때 새지 않게 잘 막고 최대한 구멍을 작게 뚫는다.

(2) 바늘 사용 시 부상을 주의한다.

(3) 플라스크를 비커에 담글 때 알루미늄 호일 뚜껑에 물이 닿지 않도록 한다.

(4) 플라스크 냉각 시 물에 닿지 않도록 한다.

(5) 물기는 휴지로 모두 제거한다.

6. 실험결과

	실험값
처음 플라스크와 알루미늄 뚜껑의 무게 (g)	g
냉각시킨 플라스크와 뚜껑의 무게 (g)	g
응축된 시료의 무게 (g)	g
물의 온도 (K)	K
플라스크의 부피 (L)	L
대기압 (atm)	1 atm
액체시료의 몰질량 (g/mol)	g/mol
오차율 (%)	%

- 계산식

응축된 시료의 무게 (g) = 냉각시킨 플라스크와 뚜껑의 무게 (g) - 처음 플라스크와 알루미늄 뚜껑의 무게 (g)

$$몰질량(g/mol) = \frac{응축된 시료의 무게(g) \times 0.0821(L \cdot atm/mol \cdot K) \times 물의 온도(K)}{대기압(atm) \times 플라스크의 부피(L)}$$

- 에탄올의 분자량 : 46.07 g/mol
- 오차율 (%) = [| (액체 시료의 몰질량 - Ethanol 의 분자량) | / Ethanol 의 분자량] × 100

CHAPTER **04**

실 습

실습 1

수용액의 흡광도 측정 (UV-VIS Spectrometer)

1. 목 적

빛의 흡수는 착색물질의 농도를 정확하고 빠른 시간 내에 측정하는 데 이용되며, 물질을 검출하는 데에도 많이 이용된다. 본 실험의 목적은 분광광도계의 원리와 사용법을 익히고, 흡광도가 용액의 농도와는 어떠한 관계를 가지는지를 밝히는 데 있다.

2. 이 론

물질에는 각각 특수한 파장의 빛의 흡수가 있으며, 흡수의 위치를 나타내는 spectrum을 흡수 spectrum(adsorption spectrum)이라고 한다. 흡수는 자외선과 가시역에서는 분자, 또는 원자 내의 전자의 진동이 관계되고, 적외역에서는 원자 간의 신축, 변각 등의 진동과 관계가 있다.

전자 또는 원자의 energy가 파장 λ 의 빛을 흡수하여 E1에서 E2로 되었을 때 다음의 관계가 있다.

$$\nu = \frac{C}{\lambda} = \frac{E_2 - E_1}{h} \qquad (1)$$

여기서 ν는 빛의 진동수, C는 광속도, h는 Plank 정수이다. 따라서 흡수파장의 측정에 의해서 분자나 원자의 내부 energy 준위의 차를 알 수 있다.

빛의 매질에 흡수될 때 층이 얇든가 또는 낮은 농도의 용액에서는 다음의 Lambert-

Beer의 측정이 성립한다.

$$I = I_o \exp(-\alpha c d) \qquad (2)$$

여기서 Io, I는 각각 입사전후의 빛의 강도, α는 분자흡수계수라 부르는 정수, c는 농도(mol/l), d는 층의 두께(cm)이다. 상용대수 형태로 쓰면

$$I = I_o \ 10^{(-\epsilon_m c d)} \qquad (3)$$

로 되고, 여기서 ϵ_m은 분자흡광계수(molecular extinction coefficient)이다. 광흡수의 상태를 어느 정도 통과했는가를 간단히 나타내는 표현으로서 투과도(transmittancy, T)가 쓰일 때가 있다. 이것은

$$T = \frac{I}{I_o} \qquad (4)$$

이다.

흡수 spectrum은 분광기의 광로에 시료를 두고, 사진촬영에 의해 흡수파장을 결정하지만 최근에는 분광광도계를 사용하는 방법이 보통이다.

보통의 분광도계는 T 이외에 흡광도(absorbance), A가 기록되어 있으며, 다음과 같이 정의된다.

$$A = \log\left(\frac{1}{T}\right) \qquad (5)$$

따라서 식 (2)와 식 (5)로부터 흡광도는

$$A = \alpha c d \qquad (6)$$

와 같이 농도와 비례하게 되므로, 흡광도는 용액내의 어떤 물질의 농도를 측정하는데 사용될 수 있다.

3. 시약 및 기구

1) 기구 : UV-VIS Spectrometer
2) 시약 : $KMnO_4$, $CuSO_4$, NaOH

4. 실험방법

1) 0.01 wt% $KMnO_4$, $CuSO_4$, NaOH 수용액을 만든 후 이 용액과 증류수를 적당한 비율로 섞어서 여러 농도의 시료용액을 만들고(5개 이상), 차례로 번호를 붙인다.
2) 증류수를 사용하여 광도계의 zero point를 맞춘다.
3) 파장을 530 μ m에 고정시키고, 시료의 농도가 낮은 것에서 높은 농도 순으로 흡광도를 측정한다.
4) 파장을 570 μ m에 고정시키고, 같은 방법으로 흡광도를 측정한다.

※ **주의** : 측정시마다 증류수를 사용하여 zero point를 확인하고, cell을 깨끗이 닦아주어야 한다.

5. 보고서 작성

각 파장에 대한 실험에서

1) ϵ_m은 얼마인가 ?
2) 흡광도-농도와의 관계를 그림으로 그리고 설명하시오.
3) 파장의 변화에 대한 흡광도-농도그림이 변화하는 이유를 설명하시오.

4) Colorimeter를 사용하여 분석할 수 있는 수용액은 어떤 종류의 수용액인가? (실험결과를 토대로 설명하시오.)
5) 분석기기의 종류를 알아보고, 각각에 대해 간단한 설명을 하시오.
6) 실험을 할 때에는 **6. 데이터 처리** 쪽에 필기구로 작성하고, 보고서를 작성할 때에는 **6. 데이터 처리** 쪽을 잘라내어 보고서에 붙여 보고서를 제출한다.

6. 데이터 처리

구 분	$KMnO_4$					$CuSO_4$					NaOH				
	1	2	3	4	5	1	2	3	4	5	1	2	3	4	5
흡광도 (A)															
농 도 (mol/l)															

절 취 선

실습 2

고체밀도 분석 (AccuPyc 1330 Pycnometer)

1. 목 적

본 실험에서는 물질의 기본 특징인 고체의 진밀도를 분석기기를 통해 측정하고, 문헌값과 비교한다.

2. 이 론

밀도(density)는 물질의 기본적인 특성으로, 물질의 부피와 질량과의 상호관계를 나타내는 성질이다. 밀도는 일정한 온도와 압력에서 측정되어야 한다. 즉, 일정량의 질량은 온도나 압력의 변화에 대해서 불변이지만 부피는 변한다. 그러므로 밀도는 단위 부피에 대한 질량, 즉 cm^3에 대한 g(g/cm^3) 또는 ml에 대한 g(g/ml)으로 표시된다.

밀도를 측정하기 위해서는 일정한 온도와 압력 하에서 물질의 질량과 부피를 측정한다. 일반적으로 부피를 측정하는 것보다는 무게를 정확하게 측정하는 것이 실험적으로 더 편리하다. 또한 같은 장소에서 측정하면 무게의 비를 취해도 좋으므로, 비중(gravity)이란 말을 사용한다.

3. 기구 및 시약

1) 기구 : AccuPyc 1330 Pycnometer

2) 응용 : 세라믹, 플라스틱, 제약, 화장품, 식품, 치약, 윤활유 등

4. 실험방법

4-1. System Calibration

1) Sample cup에 아무것도 넣지 않고, sample cell에 넣은 후 잘 닫는다.
2) [ ] 버튼과 [•](CALIBRATE) 버튼을 차례로 누른다.
3) Calibration kit에 적혀있는 volume을 입력한다.

Volume of cal std : 6.371818

4) [ENTER] 버튼을 누른다.
5) 아래처럼 display되면, [ENTER] 버튼을 누른다.

[Enter] to start [Escape] to cancel

6) "삐" 소리가 나고, 아래와 같이 display되면 sample cup에 calibration ball을 넣는다.
   ☞ 이때, ball을 손으로 잡지 말고, 휴지나 깨끗한 헝겊으로 잡는다.

Insert cal std [Enter] to start

7) Cell의 뚜껑을 닫는다.
8) [ENTER] 버튼을 누른다.
9) Calibration이 완료되면 "삐" 소리가 세 번 울린다.
10) [ ] 버튼과 [6(PRINT)] 버튼을 차례로 눌러 calibration 결과를 출력하여 교정성적소의 수치와 비교를 한다.

4-2. Sample 분석방법

1) 분석하고자 하는 sample을 준비한다.
2) sample을 150~300℃ 사이에서 전처리시킨다.
3) sample은 상온상태까지 식힌다.
   ☞ 이때, 밀봉이 가능한 병에 넣어 불순물 흡수를 최대한 방지한다.
4) Sample의 무게를 측정하여 기록한다. (이 무게가 Starting the Analysis에서 필요함.)
5) Sample cup에 sample을 넣는다.
   ☞ 이때, 습기 흡수를 최대한 방지하고자 빠르게 sample을 cup에 넣는다.

4-3. Starting the Analysis

1) [ ] 버튼과 [4(ANALYZE)] 버튼을 차례로 누른다.
2) Sample ID를 입력하라고 나오면 숫자와 "-"을 1~20개 사이를 입력한 후 [ENTER]버튼을 누른다.

Sample ID :

3) 다음 sample의 weight를 입력하라고 나온다(sample의 weight는 000.000 ~999.999g까지 가능). 이때, 기록한 무게를 입력한 후 [ENTER] 버튼을 누른다.

Sample Weight :

4) 다음과 같이 나올 때 [ENTER] 버튼을 누르면 start된다.

[Enter] to start [Escape] to cancel

5) Analysis가 끝나면 [ ] 버튼과 [6(PRINT)] 버튼을 차례로 눌러 결과를 출력한다.

5. 보고서 작성

1) 각 시료의 진밀도에 대한 측정값과 문헌값을 비교하시오. 만일 차이가 있다면 그 이유를 설명하시오.
2) 고체입자의 밀도를 측정방법에 따라 차이가 있는 이유를 설명하시오.
3) 고체입자의 진밀도와 겉보기 밀도값을 비교하시오. 만일 차이가 있다면 그 이유를 설명하시오.
4) 실험을 할 때에는 **6. 데이터 처리** 쪽에 필기구로 작성하고, 보고서를 작성할 때에는 **6. 데이터 처리** 쪽을 잘라내어 보고서에 붙여 보고서를 제출한다.

6. 데이터 처리

밀 도	미지 고체 1	미지 고체 2	미지 고체 3	미지 고체 4
측정값				
문헌값				

절
취
선

실습 3

화장크림 제조

1. 목 적

일상생활에서 흔히 사용되고 있는 화장크림을 합성하는 실습을 통하여 그 제조과정을 이해하도록 한다.

2. 원 리

Stearic acid를 KOH 또는 K_2CO_3로 중화하면 크림이 되는데, 이것을 피부에 문지르면 없어진다. 따라서 vanishing(없어진다는 뜻) 크림이라 한다. 그리고 지방류를 $Na_2B_4O_7$ 또는 비누의 알칼리성으로 유화시켜 얻은 물질을 피부에 바르면 차가움을 일으키는 까닭에 cold(차다) 크림이라 한다.

3. 기구 및 시약

1) 기구 : 200 ml 비커, 교반봉, 중탕냄비
2) 시약 : 스테아르산, 글리세린, 밀납, 수산화칼륨, 유동 paraffin, $Na_2B_4O_7 \cdot 10H_2O$, 라놀린, 올리브유, 향료, 피마자유

4. 실험방법

4-1. Vanishing 크림의 제조

1) stearic acid 15 g를 500 ml 비커에 담고, 80~85℃의 물중탕에서 녹인다.
2) 250 ml 비커에 증류수 75 ml을 취하여 KOH 0.7 g, glycerin 10 ml을 녹인 다음에 80~85℃로 가열한다.
3) 이것을 녹은 stearic acid에 교반하여 소량씩 가하고, 잘 교반한다.
4) 50℃ 이하로 식힌 다음 향료 0.2~0.4 g를 가한다.

4-2. Cold 크림의 제조

1) 밀납 9 g, stearic acid 2 g, 피마자유 4 g, 유동 paraffin(또는 ethylene glycol) 10 ml, lanolin 1 g, olive유 4 g를 500 ml 비커에 담고,
2) 물중탕에서 70℃로 가온하면서 교반하여 균일하게 한다.
3) 200 ml 비커에 $Na_2B_4O_7 \cdot 10H_2O$ 0.5 g를 물 10 ml에 녹이고, 70℃로 가온하여 소량씩 처음 비커에 가하면서 교반하여 유화한다.
4) 교반을 잘 하여 줄수록 유화가 잘 된다. 유화가 잘 되면 교반봉에 묻은 크림이 실같이 흘러 떨어진다.
5) 40℃로 식힌 다음 향료를 가한다.

5. 보고서 작성

1) 제조한 화장품의 색깔, pH, 점도를 표시하고, 그 외의 물성치를 기록하여라.
2) 시중에서 판매되는 상품과 비교하여 보아라.
3) 위의 실험방법 외의 다른 방법의 화장품 만드는 법을 찾아 나만의 화장품을 만들어 본다.
4) 실험을 할 때에는 <u>6. 데이터 처리</u> 쪽에 필기구로 작성하고, 보고서를 작성할 때에는 <u>6. 데이터 처리</u> 쪽을 잘라내어 보고서에 붙여 보고서를 제출한다.

6. 데이터 처리

Sample	색깔	pH	점도	그 밖의 물성
1				
2				

절
취
선

실습 4

비누 제조

1. 실험목적

동물성과 식물성 기름을 이용해서 비누를 만들어 본다.

2. 시약 및 기구

(1) 시약 : 식용유, 포화 NaOH 용액, 포화 NaCl 용액, 에탄올, 증류수

(2) 기구 : 100 mL 비커, 피펫, 눈금실린더, 가열기, 유리막대, pH 지시종이

3. 이론

(1) 친수성

(2) 소수성

(3) 계면 활성제

(4) 비누

(5) 비누화 값

(6) 비누화 반응

① 지방의 형성 : 글리세롤 + 지방산 → 지방(기름) + 물

② 비누의 형성 : 지방(기름) + 3NaOH → 지방산 나트륨 + 글리세롤

(7) 염석 효과

4. 실험방법

① 식용유 20 g을 비커에 넣고 유리막대로 저어주면서 35℃까지 가열한다.

② 포화 NaOH 용액 6 mL와 에탄올 6 mL를 넣고 일정한 온도를 유지하도록 계속 가열을 조절한다.

③ 다시 포화 NaOH 용액 2 mL를 넣어주고 약 20분 동안 계속 저어주면서 가열한다.

④ 다음과 같은 방법으로 비누화 반응이 완결되었는가를 확인한다.

- 손끝으로 문지르면 미끈미끈하면서 엷은 비늘 모양이 된다,
- 유리막대 끝에 묻혀서 들어 올리면 끈기가 있다.
- 투명하고 균일한 풀 모양의 용액이 된다.
- 손에 묻힐 때 기름기나 물방울이 느껴지지 않는다.
- 용액 전체가 반투명이고 거품이 있는 상태이다.
- 소량의 알코올을 넣으면 완전히 녹는다.

⑤ 비누화 반응이 끝난 용액에 포화 NaCl 용액 3 mL를 여러 번에 나누어 넣고 그 때마다 5~6분씩 가열한다. 용액이 불투명하게 되어야한다.

⑥ ⑤의 용액을 식혀 제조된 고체상의 비누를 확인한다.

5. 주의사항

(1) 수산화소듐이나 기름이 남아 있지 않도록 한다. (pH가 8.5 이상이면 사용할 수 없다.)

(2) 비누가 만들어지는 반응은 속도가 느리기 때문에 충분히 오랫동안 저어 주면서 가열해야 한다.

(3) 염화 NaCl 용액을 너무 많이 넣으면 입자가 커져서 비누의 품질이 떨어진다.

(4) 비누 생성 확인 과정 시 반드시 장갑을 착용하도록 한다.

6. 결과

(1) 비누화 반응이 완전히 완결이 되었는가?

(2) 적절한 pH의 비누가 만들어졌는가?

(3) 비누와 합성세제는 어떤 점에 차이가 있는가?

(4) 세제를 증류수와 염화칼슘에 녹였을 때 생기는 거품의 양은 어떠한가?

절
취
선

CHAPTER **05**

부 록

부록 1

농도 표시법

종　류	기 호	정　의
중량 백분율 농도 (Percent by weight)	%(w/w)	용액 100g 중에 포함된 용질의 g수
용량 백분율 농도 (Percent by volume)	%(v/v)	용액 100㎖ 중에 포함된 용질의 ㎖수
g농도(gramarity) (percent weight-in-volume)	G %(w/v)	용액 100㎖ 중에 포함된 용질의 g수
몰농도 (molarity)	M	용액 1ℓ 중에 포함된 용질의 몰(분자량)수
몰랄농도 (molality)	m	용매 1000g 중에 포함된 용질의 몰수
노르말 농도 (normality)	N	용액 1ℓ 중에 포함된 용질의 g 당량수
몰 분율 (mole fraction)	x	용액중 전성분의 총 몰수와 어떤 성분의 몰수와의 비
몰 백분율		몰분율×100
PPM농도 (parts per million)	ppm	용액 1ℓ 중에 포함된 용질의 mg 수
식량농도 (formality)	F, f	용액 1ℓ 중에 포함된 용질의 화학식량 (분자식을 쓸 수 없는 이온 결합성물질)

- 용액(solution) : 단일상 속에 있는 둘 이상의 물질로 된 (균일)혼합물
- 용매(solvent) : 용액 속에 다량으로 있는 하나의 성분(녹이는 데 사용한 액체)
- 용질(solute) : 그 나머지의 모든 성분(녹는 물질)

부록 2

세척용액을 만드는 방법

Ⅰ. 중크롬산 염-황산 세척액

1-1. 주의사항

이 세척액의 사용과 준비에 있어서 특히 주의가 필요하며, 옷이나 피부의 접촉은 피할 것.

1-2. 제조법

1) 458 ml H_2O안에 $Na_2Cr_2O_7 \cdot 2H_2O$(중크롬산나트륨) 92 g를 용해시킨다.
2) 농축 H_2SO_4 800 ml를 교반기에서 조심하여 혼합한다. (플라스크의 내용물은 발열반응으로 매우 뜨겁게 될 것이고, 빨간 반고체 물질이 될 것이다.)
3) 이것이 생기면 용액 안으로 물질을 발생시키기에 충분한 황산을 첨가한다.
4) 용액을 냉각하여 Soft-glass병에 옮긴다.

1-3. 세척 순서

1) 용기를 청정제로 씻고, 주의 깊게 헹군 다음 용기의 크롬산염 용액을 조금 붓고, 그것이 용기 전체표면을 적시게 한다.
2) 축적병(stock bottle)안에 용액을 붓는다.
3) 그런 후 용기를 헹군다. 용기표면이 깨끗하게 보일 때까지 처음에는 물로, 두 번째는 증류수로 헹군다.
4) 이 용액은 크롬산 (Ⅲ)이온이 녹색이 될 때까지 재사용할 수 있다.

Ⅱ. 희석 질산 세척액

플라스틱과 병 내부에 붙어있는 경막 제거에 사용되고, 사용은 희석 질산으로 표면을 젖게 함으로써 제거할 수 있으며, 이것을 증류수로 여러 번 헹군다.

Ⅲ. 왕수 세척액

3-1. 제조법

진한 염산과 진한 질산을 3:1로 섞어서 만든다.

3-2. 사용시 주의할 점

이 용액은 매우 강력하나 극히 위험하고, 부식성이 있는 세척액이므로, 사용시 hood가 있는 곳에서 주의 깊게 사용하여야 한다.

Ⅳ. 알콜성 수산화칼륨 또는 수산화나트륨 세척액

4-1. 제조법

120 g NaOH나 105 g KOH를 포함하는 120 ml 물에 95% 에탄올 1 L를 첨가하여 만든다.

4-2. 특징

매우 좋은 세척액으로 특히, 탄소물질의 제거에 매우 우수하다. 그러나 이 용액은 용기를 부식시키고, 손상시키는 결과를 초래하므로, 용기 내부 접합부분의 ground-glass joints에 장기간 접촉시키는 것을 피하여야 한다.

Ⅴ. 트리소디움 인산염 세척액

5-1. 제조법

470 ml H_2O에 올레인산 나트륨 28.5 g과 인산나트륨(Na_3PO_4) 57 g를 첨가하여 제조한다.

5-2. 특징

이 용액은 탄소 잔여물의 제거에 좋으며, 용액 안에 짧은 시간동안 용기를 흠뻑 적시고, 외피제거를 위해 솔로 거칠게 닦아라.

Ⅵ. Nochromix 세척액

1) 공업적 산화용액임.
2) 금속성 이온이 아닌 것을 포함.
3) 가루(powder)는 농축황산에 용해되고, 세척액을 만듦.
4) 용액은 산화제가 써서 낡아진 것처럼 오렌지색으로 변한다.
5) 주의해서 사용해야 한다.

일반화학실험 1

초판1쇄 발행 2013년 8월 30일
초판2쇄 발행 2016년 8월 25일

지은이 **노 승 백 외 2명**
펴낸이 **신 일 희**
펴낸곳 계명대학교 출판부
(42601) 대구광역시 달서구 달구벌대로 1095
TEL: 053-580-6233
FAX: 053-580-6235
홈페이지: www.kmupress.com
출판등록: 1970. 9. 1.(제347-1998-1호)

ISBN 978-89-7585-644-0 93430 정가 10,000원
*잘못된 책은 교환하여 드립니다.

이 도서의 국립중앙도서관 출판시도서목록(CIP)은 서지정보유통지원시스템 홈페이지(http://seoji.nl.go.kr)와 국가자료공동목록시스템(http://www.nl.go.kr/kolisnet)에서 이용하실 수 있습니다.(CIP제어번호: CIP2013016197)